高等职业教育“十四五”规划教材
高等职业教育畜牧业类新形态教材

宠物美容技术

刘燕娜　储玉双　主编

中国农业大学出版社
·北京·

内容简介

本教材主要介绍宠物行业及宠物美容师职业相关背景知识、宠物美容基本技术、宠物的基础护理技术、常见犬种的美容方法、宠物犬的特殊美容技术、宠物犬的特殊护理和宠物行业相关标准。教材配套微课，特别在操作性强的内容中添加了相关实操视频，让学习者在掌握理论知识的同时更加直观地掌握实操技能，能够与实际工作中的案例相结合，同时拓展知识面。

本教材重视基本理论、基本知识和基本技能，突出科学性、系统性和实用性，兼顾先进性和创新性，既可作为高等职业院校宠物临床诊疗技术、宠物养护与驯导等专业的教材，也可作为一线宠物健康护理员、宠物驯导师、宠物美容师等技术人员以及宠物饲养繁育、宠物护理保健、宠物驯导、宠物美容等岗位(群)从业者的参考用书。

图书在版编目(CIP)数据

宠物美容技术 / 刘燕娜，储玉双主编. -- 北京 ：中国农业大学出版社，2025. 9. -- ISBN 978-7-5655-3516-1

Ⅰ. S865.3

中国国家版本馆 CIP 数据核字第 20259RC031 号

书　　名　宠物美容技术

作　　者　刘燕娜　储玉双　主编

策划编辑　张　玉　郭建鑫　　　**责任编辑**　郭建鑫

封面设计　中通世奥图文设计中心

出版发行　中国农业大学出版社

社　　址　北京市海淀区圆明园西路 2 号　　　**邮政编码**　100193

电　　话　发行部 010-62733489,1190　　　读者服务部 010-62732336

编辑部 010-62732617,2618　　　出　版　部 010-62733440

网　　址　http://www.caupress.cn　　　**E-mail** cbsszs@cau.edu.cn

经　　销　新华书店

印　　刷　涿州市星河印刷有限公司

版　　次　2025 年 9 月第 1 版　　2025 年 9 月第 1 次印刷

规　　格　185 mm×260 mm　　16 开本　　12.25 印张　　268 千字

定　　价　49.00 元

编审人员

主　编　刘燕娜（赣州职业技术学院）

储玉双（江西生物科技职业学院）

副主编　顾红霞（赣州职业技术学院）

王丽华（江苏农牧科技职业学院）

李　艳（江西农业工程职业学院）

参　编　（按姓氏笔画排序）

许　锋（武汉优品道宠妮宠物美容培训学校）

米青捷（伊犁职业技术学院）

朱文建（南昌美创宠物服务有限公司）

杨红霞（江西农业工程职业学院）

邹丽丽（湖南生物机电职业技术学院）

陈　琼（湖南生物机电职业技术学院）

张乐红（赣州职业技术学院）

易金鑫（江西农业工程职业学院）

范志辉（赣州嘉泰宠物医院）

姚志兰（江苏农牧科技职业学院）

曾作财（江西农业工程职业学院）

曾和顺（超宠爱（广州）宠物科技有限公司）

主　审　杨孟鸿（赣州职业技术学院）

前 言

党的二十大报告提出“实施科教兴国战略，强化现代化建设人才支撑”“培养造就大批德才兼备的高素质人才，是国家和民族长远发展大计”。

“宠物美容技术”是宠物养护与驯导、宠物医疗技术专业的专业课程，是一门实践性较强的专业课程，是宠物美容与护理行业的核心技术，也是宠物医疗技术、宠物养护与驯导专业同市场联系最为紧密的课程之一。

近年来，我国宠物行业发展迅速，宠物美容师、宠物护理员、宠物驯导师岗位急需具有良好宠物美容与护理技术技能的专业人才。结合课程标准、行业标准与要求以及“1＋X”高级宠物美容师考核要求，我们编写了这本能够全面指导临床实践，具有代表性、实用性和先进性特点的《宠物美容技术》教材。

本教材结合课程标准，以及宠物养护与驯导专业毕业生职业岗位（群）所需的基本理论和专业技能，同时吸纳了本学科近年来的新成果、新知识和新技术，设计教学内容，突出实用性、针对性、技能性和创新性。

本教材既可作为高等职业院校宠物临床诊疗技术、宠物养护与驯导等专业的教材，也可作为一线宠物健康护理员、宠物驯导师、宠物美容师等技术人员以及宠物饲养繁育、宠物护理保健、宠物驯导、宠物美容等岗位（群）从业者的参考用书。

本教材编写分工如下：项目一、项目二、项目三任务四、项目四由刘燕娜编写；项目三任务一由王丽华、姚志兰编写；项目三任务二由顾红霞编写；项目三任务三由李艳编写；项目五由杨红霞编写；项目六由陈琼、邹丽丽编写；附录由曾作财编写。曾和顺、许锋、朱文建、范志辉提供了临床图片和操作视频。微课、图表等由全体编者共同完成。全书由刘燕娜、储玉双负责统稿。

由于编者水平和能力有限，书中还可能存在一些不足之处，恳请广大读者批评、指正。

编 者

2025 年 6 月

目　录

项目一　走近宠物美容与护理

项目描述

本项目主要介绍宠物美容行业的发展历程和现状。通过梳理宠物美容行业的发展历程，学生能了解行业的起源和变迁、现状与未来发展趋势，包括市场规模、竞争格局、技术水平等，有助于学生更好地认识宠物美容行业。

通过本项目的学习，学生能了解宠物美容师的职业发展规划、职业素养要求，以及宠物美容行业从简单的宠物护理到复杂而精细的美容服务的发展历程。

学习目标

知识目标：

了解宠物美容的起源，追溯宠物美容的起始阶段，理解其历史背景和早期形式。了解宠物美容师在宠物行业中的角色和定位，明确自己的职业方向。

能力目标：

掌握宠物美容行业的演变过程，了解宠物美容行业是如何随着时间和文化而演变的，特别是近几十年来本行业的重要变革。

素质目标：

根据自己的兴趣和优势，设定短期和长期的职业目标，如提升技能、开设宠物店等。

任务一　宠物行业发展历程

宠物行业涵盖范围广泛，涉及宠物衣食住行的方方面面。宠物保有量的增加催生了相关配套的宠物食品、用品及服务需求的增长，从而带动了整个宠物行业的蓬勃发展。宠物行业主要涵盖两大产业：一是宠物产品，二是宠物服务。其中，宠物产品包括宠物交易、宠物主粮、宠物零食、宠物清洁用品等；宠物服务包括宠物医疗、宠物美容、宠物行业培训等。

一、中国宠物行业的发展历程

微课 中国宠物行业的发展历程

中国宠物行业的发展历程可以大致分为四个阶段，每个阶段都有其独特的特点和变化。

（一）启蒙期（1990—1999 年）

成都、北京、上海、深圳因人口基数大、经济发达，是我国养宠文化发展最早的 4 个城市。1992 年，中国小动物保护协会经农业部批准正式成立，标志着中国宠物经济的逐步兴起。

在此期间，国家开始放松养犬限制，一线城市开始出现宠物用品零售店，宠物陪伴理念开始兴起。“关爱动物”“动物是人类的朋友”等观念逐渐被人们接受，宠物在中国被重新定义。1993—1995 年，以玛氏公司为代表的一批国际宠物用品企业进入中国设厂或设经销商，宠物经济理念正式开始引入国内。1993 年，我国第一批专业宠物用品零售服务店在北京、上海成立，如上海顽皮家族、北京怡亚等，意味着国际宠物经济概念在国内开始付诸实践。

（二）孕育期（2000—2010 年）

1999 年，我国宠物数量还不足 4 000 万只，随后便出现增长，达到 1 亿只，年复合增长率约 9.5%。到 2010 年，我国宠物数量已超过 1.5 亿只。

政策进一步放松，养犬证办理费用降低，为宠物饲养提供了更宽松的环境。宠物已经不仅仅是传统“看家护院”的动物，人们对宠物赋予了更多的情感。国内宠物食品厂商陆续成立，并逐渐实现规模化生产。在这一时期，国内开始出现以宠物产品生产制造为主的规模化工厂，代表性企业包括烟台中宠、温州佩蒂、杭州天元等。由于国内市场还未全面开拓，当时的宠物产品主要出口国外。

（三）快速发展期（2011—2020 年）

这一时期，宠物医疗企业发展壮大，为宠物健康提供全方位保障。除宠物食品和宠物用品生产销售企业快速发展外，宠物零售店、宠物养殖场也在经济发达地区悄然兴起。这些宠物商店几乎包揽宠物所有的基本服务，包括商品销售、宠物美容、宠物寄养、宠物售卖、宠物医疗等。我国的宠物产业不再是简单直接地依靠宠物买卖赚钱，而是发展壮大为整个宠物产业链和不断扩大衍生的宠物消费市场需求，伴随着宠物数量的快速增长，与宠物相关的制造业、服务业蕴含无限商机。

宠物服装市场就是人为创造的消费市场，而且发展迅速。其中上海的宠物服装行业发展速度最为迅猛，其宠物服装出口量占全国的40%，宠物服装的细分种类已完全“人性化”，质量、种类甚至价格都不亚于人类服装。宠物服装包括羽绒服、风衣、皮夹克、宠物主人装、学生装和电影人物装等。宠物的装饰品也越来越多样化，手镯、项链等款式众多。

在宠物服务业方面，宠物服务已不只局限于宠物美容、宠物医疗等。宠物新时尚服务如宠物婚介、宠物寄养、宠物丧葬等方兴未艾。

(四)稳定成熟期(2021年至今)

宠物数量保持稳定增长，行业逐渐发展出覆盖全宠物生命服务的产业链，国内企业崛起。市场规模持续增长，2023年我国宠物市场规模达2 793亿元，同比增长3.2%，2024年市场规模达到3 002亿元。此外，宠物行业还呈现出以下特点：

1. 宠物产业链逐渐完善

宠物繁育、交易、食品、用品、医疗、美容、培训、保险等全产业链服务逐渐完善。宠物消费从商品类向服务类转变，服务类消费占比有望增加。宠物市场逐渐细分，出现了针对老年宠物、特殊需求宠物等的专业产品和服务。

2. 宠物种类日益增多

宠物种类不再局限于传统的宠物犬、猫，许多另类的宠物，如蜥蜴、蛇、迷你猪、昆虫、矮马等动物成为人们的新宠，未来另类宠物也会逐渐被人们熟悉。

综上所述，中国宠物行业经历了从启蒙到成熟的发展历程，市场规模不断扩大，产业链不断完善，服务不断升级。未来，随着消费升级和养宠观念的变化，宠物行业将继续保持增长态势。

二、宠物美容

(一)宠物美容的起源与发展历程

宠物美容的起源可以追溯到古代，其发展与人类社会的进步、宠物角色的转变密切相关。

1. 古代:初步需求的萌芽

在古埃及、古罗马和中国等文明古国，古代宠物美容的雏形已出现。当时，人们饲养的动物不仅用于劳作或狩猎，部分宠物(如犬、猫)因其陪伴属性开始受到特殊对待。

(1)古埃及。猫被视为神圣的象征，古埃及人会为猫修剪毛发、清洁身体，甚至使用香油为其护理皮毛，以保持洁净。考古发现中，曾出土过用于梳理猫毛的梳子。

(2)古罗马。贵族阶层饲养的犬类(如獒犬)会被修剪毛发，以适应战斗或展示的需求。部分文献记载，人们会用油脂涂抹犬的毛发，使其看起来更光亮。

(3)中国。古代宫廷中饲养的观赏犬(如哈巴狗)会被精心照料，包括梳理毛发、修剪趾甲等，以满足贵族的审美需求。

2. 中世纪至文艺复兴时期:贵族阶层的专属服务

中世纪后,宠物逐渐成为身份和地位的象征,尤其是欧洲贵族对宠物的装饰和护理需求增加。贵族女性会为宠物犬佩戴华丽的项圈、披风,甚至修剪出特定的造型(如狮子式修剪),使其与主人的服饰风格匹配。例如,文艺复兴时期的油画中,常出现毛发修剪精致的宠物犬。

3. 19 世纪:现代宠物美容的雏形

随着工业革命的发展和城市化进程加快,宠物的角色从“工具”逐渐转向“伴侣”,专业的宠物护理需求开始出现。据记载,18 世纪末至 19 世纪初,欧洲出现了专门为宠物提供洗澡、修剪服务的场所。1879 年,美国纽约开设了首家商业性宠物美容院,主要服务对象是贵宾犬等品种犬。

19 世纪中期,犬类展览(如英国的克鲁夫茨犬展)开始流行。为了在比赛中展现最佳状态,犬主们开始注重宠物的毛发造型、清洁度和整体形象,催生了专业的美容工具和技术。例如,贵宾犬的“欧洲大陆式”“英国鞍式”等经典造型就是在这一时期形成的。

4. 20 世纪:行业专业化与普及化

20 世纪,宠物美容逐渐发展为一个独立的行业,并随着宠物文化的兴起而普及。1950 年,美国成立了首个宠物美容协会(National Dog Groomers Association of America,NDGAA),制定了行业标准和美容师认证体系。此后,欧洲、日本等地也陆续出现类似机构,推动宠物美容技术的规范化。电动剪毛器、宠物专用香波、吹风机等工具的发明,极大地提升了美容效率。同时,宠物护肤品、染色剂等产品的出现,让美容服务更加多样化。

第二次世界大战后,欧美国家的宠物饲养率大幅度上升,中产阶级成为宠物消费的主力。宠物美容不再是贵族专属,而是普通家庭维护宠物健康和美观的常规需求。

5. 当代:多元化与个性化趋势

如今,宠物美容已成为全球宠物产业的重要组成部分,并呈现出多元化特点。如服务范围扩展,除了基础的洗澡、修剪、趾甲护理,还包括毛发染色、SPA 护理、牙齿清洁、宠物造型设计等。同时,现代美容更注重宠物的舒适度和健康,如使用低刺激的天然洗护产品,避免过度修剪损伤皮肤,甚至引入“压力管理”理念,让宠物在美容过程中保持放松。

宠物美容的起源本质上是人类与动物关系演变的缩影——从最初的功能性护理,到贵族阶层的审美需求,再到现代社会对宠物健康、情感陪伴的重视。如今,宠物美容不仅是一门技术,更成为宠物文化和现代生活方式的一部分,体现了人们对动物伙伴的关爱与尊重。

三、宠物美容行业未来的发展趋势

(一)智能美容设备

随着科技的进步,智能美容设备在中国宠物美容市场中逐渐普及。根据《2025 年中国宠物行业白皮书》,2024 年,中国城镇宠物市场规模突破 3 000 亿元,其中美容市场占有重要份额。智能美容设备如自动刷毛器、温控吹风机等,不仅提升了美容效率,还减少了宠物在美容过程中的不适。

(二)环保美容产品

环保意识的提升使得更多的宠主倾向于选择环保美容产品。据 Grand View Research 报道,2022 年宠物美容市场中,环保产品市场规模约 24 亿美元,预计到 2027 年的复合增长率为 12.3%。这些产品包括可降解洗发水、可回收材料制成的美容工具等,满足了消费者对绿色消费的需求。

(三)创意美容风格

创意美容在中国逐渐成为一种趋势。创意造型如染色、雕刻等越来越受到年轻宠主的欢迎。这些创意造型不仅展示了宠物的个性,也成为宠主在社交媒体上展示爱宠的新方式。

(四)虚拟美容咨询

虚拟美容咨询服务自 2020 年以来迅速发展,并持续受到欢迎。宠主通过在线平台预约美容师进行视频咨询,获得专业的美容建议和指导。这一服务满足了现代快节奏生活中宠主的需求,使他们在家中也能为宠物进行专业美容。

(五)国际趋势

高科技美容工具逐渐流行。AI 技术在宠物美容中的应用包括智能刷毛器、智能吹风机等,可以根据宠物的皮肤状况和毛发类型进行定制化护理。

(六)定制化美容方案

定制化美容方案在国际市场中越来越受欢迎。美容师根据宠物的品种、毛发类型、健康状况等因素,提供个性化的美容服务。

(七)宠物水疗服务

奢华的宠物水疗服务在欧美市场上非常流行。水疗服务包括芳香疗法、按摩等,不仅关注宠物的身体健康,还提升了它们的幸福感。

(八)时尚宠物造型

宠物造型在国际上已经成为一种时尚潮流。越来越多的宠主通过时尚配饰和独特造型展示宠物的个性。从精致的发型到个性化的配饰,宠物时尚成为社交媒体上的热门话题。

任务二　宠物美容师的职业发展规划和素质要求

微课　宠物美容师的职业发展规划和素质要求

一、宠物美容师的职业发展规划

(一)宠物美容师的认证及资格鉴定

宠物美容师可以通过不同渠道获得资格证书,其资格鉴定等程序由国家相关主管部门统一管理,我国设有专门的宠物美容师技能认证、资格鉴定部门。

(二)个人职业发展

宠物美容行业的发展空间很大,宠物美容师可以胜任的工作有很多。

(1)宠物店的美容师。日常工作是为顾客的宠物做美容洗护。

(2)犬舍的美容师。日常工作是护理赛级犬只。

(3)开店创业。可以寻找宠物连锁机构加盟,也可以自己独资开店。

二、宠物美容师的职责和素质要求

宠物美容师是指能够使用工具及辅助设备,对各类宠物(可家养的动物)进行毛发、趾爪等清洗、修剪、造型、染色,使其外观得到美化和保护,同时具备规范宠物不良行为的技能的专业人员。

(一)岗位工作概述

宠物美容师的主要工作是帮助宠物进行毛发、趾爪等部位的清洗、修剪、造型设计,让宠物的外观得到美化和保护,变得更健康和时尚。宠物美容师分为不同等级,不同等级的宠物美容师所具备的技能不同(表 1-1)。

表 1-1　宠物美容师等级划分

名称	级别	要求
宠物美容师助理	入门级	能协助美容师完成各项美容工作
C 级宠物美容师	入门级	对宠物店内的常见家庭宠物可进行独立操作

续表 1-1

名称	级别	要求
B 级宠物美容师	基础级	有较高的修剪技术，作品精致度高，线条柔美度好，作品立体感强，能进行多种创意造型
A 级宠物美容师	高级（赛级）	了解不同品种宠物的美容标准，技法纯熟，能做不同的赛级造型，能独立接待赛级犬只，能独立开展教学

（二）工作内容

（1）负责门店宠物美容护理工作（洗澡、剪毛、维护等）。

（2）负责宠物美容的各个环节与流程，并对宠物美容后的结果负责。

（3）负责顾客的接待、接洽、服务工作。

（4）负责美容工具、用具、用品的管理。

（三）宠物美容师的工作要求

（1）具有大专以上学历，持有 C 级宠物美容师证。

（2）有两年以上宠物美容工作经验或有相关培训经历。

（3）具有较强的语言表达能力和与客户沟通能力，服务意识强。

（4）了解宠物的身体结构、生活习性及性格特点等。

（5）能独立完成常见犬种的洗澡及美容造型，可根据不同犬种特点设计并完成造型。

（6）吃苦耐劳，认真好学，态度积极，能沟通，会共情。

（四）岗位职责

1. 宠物美容师岗位职责

（1）负责店内宠物洗澡、美容业务的接待。能与客户沟通宠物相关的美容、喂养、护理等基本知识。

（2）为宠物进行基础的护理，如修剪、美容、造型、洗澡等。

（3）能独立、熟练地完成宠物造型等所有美容服务项目，造型时尚新颖，能令客户满意。

（4）掌握宠物美容时尚，不断学习与创新，提升宠物美容服务标准，在宠物造型美容方面有自己的创意。

2. 宠物美容师助理岗位职责

（1）做好接待、导购工作，负责预约检查、前台销售、美容、寄养动物管理等前台工作。

（2）宠物美容师的美容前、中、后期助理工作。

（3）宠物美容室环境管理，设备、工具、耗材管理。

（4）独立操作美容洗浴、SPA 保健、动物口腔美容护理，在宠物美容师指导下完成药浴操作。

课后知识巩固

1. 中国宠物行业经历了哪几个发展时期？
2. 请你谈谈作为宠物美容师的基本职责和素质要求有哪些。

思政小天地——中国古诗词中的“汪星人”

犬又称狗，古人认为：“通而言之，狗犬通名，若分而言之，则大者为犬，小者为狗。”犬是人类最早驯化的动物之一，在人类生活中发挥着巨大作用，它生性勇猛好斗，喜动易醒，善于守夜，又能追踪野兽协助狩猎，因而成为人类忠实的朋友。在我国第一部诗歌总集《诗经》里就有对犬的描述：“跃跃狡兔，遇犬获之。”后来东汉时期的《十五从军征》中有“兔从狗窦入，雉从梁上飞”之句。北魏贾岱宗的《大狗赋》云：“非吾畋猎之有益，乃可安国卫四邻者也”，把犬的作用说得很到位。犬作为中国老百姓最熟悉、最喜爱的动物之一，曾被许多文人墨客写入诗词之中，留下了大量吟咏佳句。比如，“柴门闻犬吠”“狗吠深巷中”“孤村一犬吠”“风动叶声山犬吠”“烟雨濛濛鸡犬声”“扣门无犬吠”等诗句，都已成了经典。其中，李白的“犬吠水声中，桃花带露浓”写犬的叫声，令人如临其境、如闻其声。下面我们一起来欣赏这首诗。

访戴天山道士不遇

唐 • 李白

犬吠水声中，桃花带露浓。
树深时见鹿，溪午不闻钟。
野竹分青霭，飞泉挂碧峰。
无人知所去，愁倚两三松。

赏析：隐隐的犬吠声夹杂在淙淙的流水声中，桃花繁盛带着点点露水。树林深处，野鹿时隐时现，正午时来到溪边却听不见山寺的钟声。绿色的野竹划破了青色的云气，飞瀑高挂在碧绿的山峰。没有人知道道士的去向，只好依着几棵古松，排遣愁思。

此诗主要写作者上戴天山的所见所闻，描绘了一幅色彩鲜明的访问道士不遇图，通篇着意于写景，真实自然，生动形象地再现了世外桃源般的优美生活境界。全诗风格清丽，充满着年轻人的朝气与孜孜以求的探索精神。

李白（701—762 年），字太白，号青莲居士，又号“谪仙人”，是唐代伟大的浪漫主义诗人，被后人誉为“诗仙”。与杜甫并称为“李杜”。其人爽朗大方，爱饮酒作诗，喜交友。

项目二 宠物美容基本技术

◆ 项目描述

本项目主要介绍宠物的身体结构、品种分类、保定与控制方法，以及美容工具及设备的使用方法。

通过本项目的学习，学生能更好地识别宠物犬体表部位名称及宠物犬骨骼结构，掌握宠物犬保定方法、正确使用美容工具及设备，有助于学生从事宠物美容等工作。

◆ 学习目标

知识目标：

掌握犬体表部位名称及骨骼结构；了解常见宠物犬的分类。

能力目标：

具有正确使用宠物美容工具及美容设备的能力；具有理解犬行为及心理特点的能力。

素质目标：

能从宠物犬的福利出发，做好宠物美容的相关服务工作。

任务一 宠物犬身体结构识别

微课 宠物犬身体结构识别

情境导入

一天中午，宠物店门口跑来了一只可爱的小白狗。美容师小丽在附近寻找它的主人，很久也没找到，于是决定暂时收留这只小白狗。看到它非常饥渴，小丽决定给它饮水和喂饲犬粮，但具体应该喂食幼犬粮还是成犬粮呢？小丽轻轻掰开狗的嘴巴，观察它的牙齿，以确定它的年龄。同学们，你们知道怎样通过牙齿来判断宠物犬的年龄吗？下面我们就通过一系列的知识学习来了解宠物犬的身体结构。

一、宠物犬体表结构

犬的体表结构分为头部、颈部、躯干部、四肢、尾部和被毛。不同品种在外貌上具有各自的特征。如图 2-1 所示。

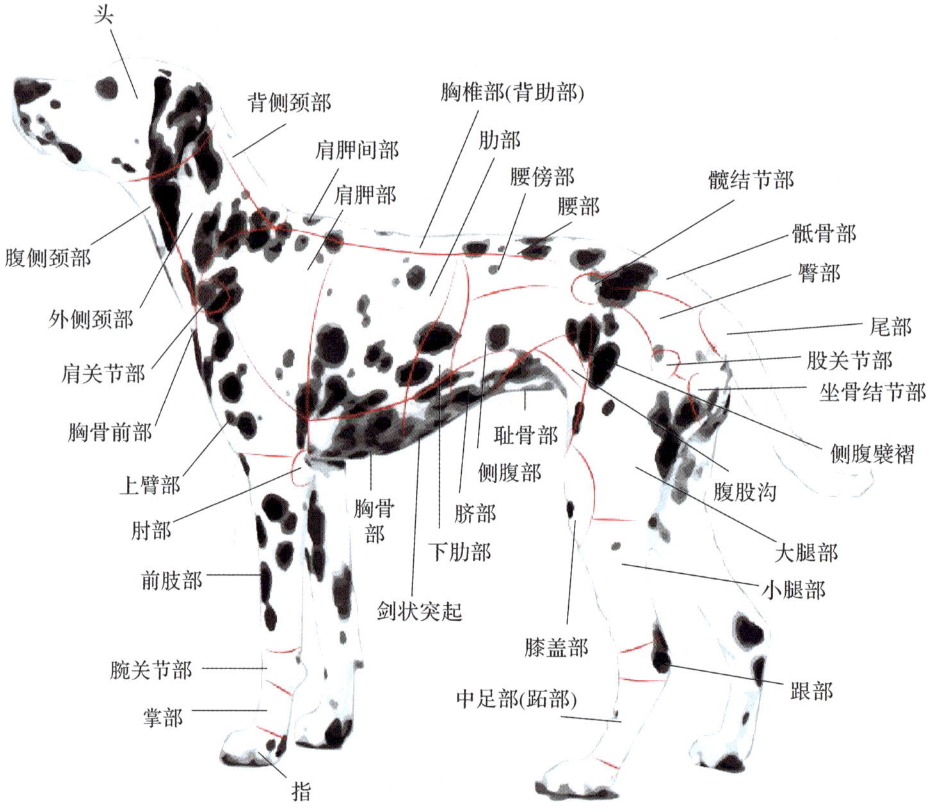

图 2-1　犬身体部位结构

(一)头部

头部以颅骨和颌骨为骨骼基础，颅骨和颌骨相接部位形成程度不一的梯状结构——额鼻阶。头部包括耳、眼、鼻、嘴、齿、舌等重要器官，在一定程度上可以体现品种的特征。

1. 耳

耳是犬听觉系统的外器官，具备一定的转动角度，能借助头部和颈部灵活转动，更好地收集周围的声音。大而薄的耳片还可以起到散热作用。犬在胆怯时常有收紧耳朵的状态出现，体现出犬的情绪变化。

犬耳大小、形状及垂立程度因品种而异。犬耳有长有短，耳根附着有高有低，还可以把犬耳修剪成特定形状，如杜宾犬。犬耳型可分为 6 种(图 2-2)。

(1)蝙蝠耳　根部宽、尖端较圆的钝三角形竖耳，似蝙蝠耳，如法国斗牛犬。

(2)纽扣耳　在耳关中部向头盖骨方向扭转，形似裤腰上的裤钩。

(3)直立耳　一种是耳呈尖长三角形，完全直立于头顶上，如德国牧羊犬；另一种是垂耳或半垂耳经人工剪截后呈窄尖的三角形竖立，如大丹犬、拳师犬等。

(4)半立耳　耳根竖立，耳尖向前方折曲，如苏格兰牧羊犬、喜乐蒂牧羊犬等。

(5)垂耳　整个耳朵在头部侧面下垂，如贵宾犬、波音达猎犬、巴哥犬、藏獒等。

(6)玫瑰耳　耳尖向后翻转，露出耳的内部，似玫瑰花瓣，如灵缇犬。

图 2-2　犬的耳型

2. 眼

眼是犬的视觉器官，犬视觉能力较差，色盲，夜视能力强于白天。犬眼视野因品种不同而略有差异，视野较大的可达到 270°(如灵缇犬)，较小的也可达到 180°。犬眼睛边缘有睫毛，能够保护眼睛；睫毛根部有小腺体，可分泌润滑眼睛的液体。眼睛通过泪管和鼻相通，当犬产生不适时，鼻和眼睛的反应统一。

犬眼的颜色可分为黄色、红色、褐色和白色等；犬眼型依上、下眼睑的状态，可分为圆形眼、杏仁眼、三角眼和椭圆眼等(图 2-3)。

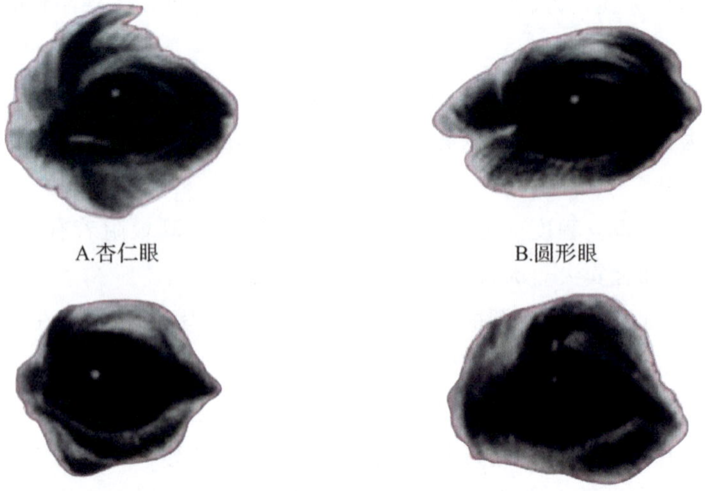

A.杏仁眼　B.圆形眼

C.椭圆眼　D.三角眼

图 2-3　犬的眼型分类

3. 鼻

鼻是犬的嗅觉器官，犬鼻腔中有大量的嗅细胞。在犬认知世界的各种途径中，嗅觉排在第一位，所以鼻对犬的重要性不言而喻。鼻除具备嗅觉能力外，还具备一定的味觉能力，有辅助进食作用。在犬的繁殖行为中，公犬嗅觉也有相当重要的作用，可以辨识母犬阴道分泌物的气味。鼻还有调节吸入空气湿度的作用，避免干燥的空气刺激肺部。鼻的最前缘部分称为鼻镜，正常状态下湿润而黑亮，在犬出现某些机能障碍时会表现为干燥，是犬病诊疗的主要观察部位之一。依据鼻及颌骨的长短，犬可分为短吻犬和长吻犬。以额鼻阶为界，鼻长小于头长一半的犬为短吻犬，鼻长大于头长一半的犬为长吻犬。

4. 齿

犬每侧牙齿的类型与数目常以齿式表示，成年犬的牙齿共 42 枚。

5. 舌

犬舌灵活而发达，舌上分布味蕾，是主要的味觉器官。进食时舌有搅拌食物的功能，还可以把水卷进口腔。舌同时也是躯体排热的重要器官，具有维护自身卫生、护理仔犬和亲昵同伴时表达情感的作用。在母犬发情时，公犬有用舌舔母犬外阴部的习惯，有助于刺激公、母犬的性欲。

6. 额部和面颊部

额部和面颊部的骨骼基础是颅骨。颅顶有圆顶和平顶之分，面颊部肌肉的发达程度决定了犬咬合能力的大小。

（二）颈部

颈部连接着头部和躯干部，其连接基础是颈椎。嘴和胃、鼻和肺、脑和脊髓的连接管道都通过颈部，还有连接脑和心脏的重要血管。犬的颈部肌肉发达，转动灵活，被毛浓密，松弛程度视品种而异。颈部是犬咬斗时主要被攻击的部位，颈部灵活有利于犬进行自我保护。借助颈部的灵活转动，犬的头部转动角度大，便于接收各个方向的信息。

（三）躯干部

犬的躯干部可分为鬐甲部、背部、腰部、荐部、胸部和腹部。

1. 鬐甲部

鬐甲部骨骼基础是两肩胛骨的上缘和部分胸椎棘突，明显突出于背部水平线，手抚时感觉明显。鬐甲部是前肢大部分肌肉和肌腱的附着点，所以要求高耸，是测量犬体高度时的起点。

2. 背部

背部骨骼基础是胸椎，胸椎的主要作用是固定肋骨，同时附有复杂的肌肉结构。对于绝大部分品种而言，都要求背线平直，典型的缺陷是凹背和凸背。通常老龄犬有背部塌陷的情况，这是肌肉和骨骼机能衰退的表现。

3. 腰部

腰部骨骼基础是腰椎。腰部是连接前躯和后躯的枢纽。犬快速奔跑时的转弯动作主要靠腰部的力量。绝大部分品种的犬对腰部的要求是坚实、宽且肌肉发达，给犬的运动提供力量。

4. 荐部

荐部骨骼基础是荐椎，是中轴骨的末端。部分品种犬的荐部有轻微的下斜。

5. 胸部

胸部骨骼基础是肋，其内部主要包含心脏、肺等重要器官。一般对健康犬胸部的要求是宽而深、容积大，为肺和心脏提供充足的空间。

6. 腹部

腹部生理基础是腹肌，内部包含消化系统、生殖系统和泌尿系统。通常公犬腹部表皮紧凑结实，收缩良好。母犬受生殖行为的影响，腹部相对松弛，生有乳腺，属于皮肤衍生物，是泌乳器官。

（四）四肢

犬是跑走型动物，此行为特点决定了犬的四肢必须是强健而灵活的，犬的四肢包括两前肢和两后肢。前肢由肩胛部和臂部与躯干的胸背部相连，自上而下依次可分为肩胛部、前臂部、前脚部，前脚部又分为腕部、掌部、趾、爪，有五趾。前肢通常与地面垂直，相互平行，两肢间距适中。

后肢由臀部与荐部相连，可分为大腿部（股部）、膝部、小腿部、后脚部，后脚部包括跗部、趾、爪，有四趾。后肢的跗关节（飞节）向下部分（后脚部）通常与地面垂直，两肢间距适中。犬趾有猫型和兔型两种，必须符合本品种特征要求。外展脚不美观，趾间易夹带异物，易滋生病菌；平脚多是爪尖发育不良所致，难以支撑犬体重量。

（五）尾部

犬尾部的主要作用是在快速奔跑中平衡身体，还有保护肛门、外阴部和表达情感的作用。部分犬在饲养管理实践中有断尾的习惯。犬的尾型是主要的品种特征之一，根据犬尾粗细长短、尾根附着高低、有无饰毛和尾巴的形状等将犬尾分为卷尾、钩状尾、直立尾、螺旋尾、镰刀尾、剑状尾、羽状尾、双卷尾、鞭状尾、松鼠尾等。

（六）被毛

犬是耐寒忌热的动物，这和犬全身被毛浓密、缺少汗腺关系密切。犬被毛的毛型和毛色在不同品种间差异很大，是区别品种的主要特征之一。犬的被毛类型有外毛、底毛和饰毛三种。

(1)外毛　直、硬而粗糙，主要作用是保护身体免受伤害。

(2)底毛　软而浓密，主要作用是保持体温。

(3)饰毛　修长，华美艳丽，主要生长在四肢部、尾部、腹下部和头颈部，是根据人类的喜好人工选育而成的。

大部分犬为双层被毛，即只有外毛和底毛，分层明显，部分犬被毛柔软，毛型不明显；也有少部分品种犬被毛短、粗、硬，无明显的分层；部分品种生有发达的饰毛。

二、宠物犬的解剖结构

（一）运动系统

犬的运动系统由骨骼、关节和肌肉3部分组成。犬骨骼可分为中轴骨骼和四肢骨骼两部分。中轴骨骼由躯干骨和头骨组成，四肢骨骼包括前肢骨和后肢骨。头骨形态差异较大，有的头型狭而长，有的头型宽而短。头骨的下颌骨发达而伸长，嘴凸鼻长，以适应犬嗅食寻物的习性。犬头骨连着颈椎，犬有7节颈椎、13节胸椎、7节腰椎、3节荐椎(融合在一起成为一块骶骨)，8～23节尾椎(一般为22节)；犬的前9根肋骨为真肋(肋软骨与胸骨相接)，后4根肋骨为假肋(肋软骨由结缔组织连接在前一肋软骨上)。犬的前肢骨包括肩胛骨、肱骨、前臂骨(桡骨、尺骨)、腕骨、掌骨、指骨；后肢骨包括髋骨、股骨、髌骨、胫骨、腓骨、跗骨、跖骨、趾骨(图2-4)。

（二）消化系统

犬的消化系统包括消化器官和消化腺。消化器官主要有口腔、咽、食管、胃、小肠、大肠及肛门。小肠肠管细而长，又分为十二指肠、空肠和回肠，是消化吸收的主要部位。大肠又分为盲肠、结肠和直肠，主要消化纤维素，吸收水分，形成并排出粪便。消化腺包括唾液腺、肝、胰及消化管壁的许多腺体，主要功能是分泌消化液。

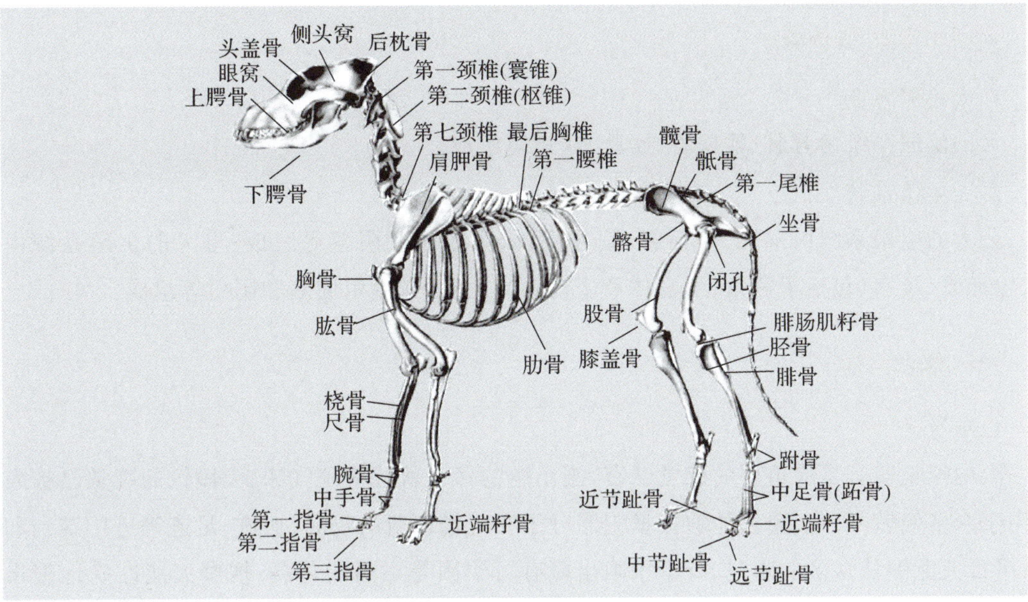

图 2-4　犬的骨骼结构

（三）呼吸系统

犬的呼吸系统包括鼻、咽、喉、气管和支气管、肺。

1. 鼻

鼻包括鼻腔和副鼻窦，是呼吸和嗅觉器官。鼻中隔将鼻腔分为左、右两部分。鼻腔外侧壁各有一上鼻甲和下鼻甲，将鼻腔分为上鼻道、中鼻道和下鼻道，上、下鼻甲与鼻中隔之间的裂隙为总鼻道。鼻腔后部由一横行板分成上、下两部，上部为嗅觉部，下部为呼吸部。

2. 喉

喉位于下颌间隙后方，前端与咽相连通，后端与气管连接。甲状软骨、环状软骨、会厌软骨、勺状软骨、肌肉和韧带围成喉腔。喉腔内有 1 对黏膜褶，为声带。

3. 气管和支气管

气管为空气出入的通道，位于喉与支气管之间。气管进入胸腔后，分为左、右两支气管，经左、右肺门入肺，并逐渐分支成许多支气管。

4. 肺

肺为气体交换的重要器官。左肺分为尖叶、心叶和膈叶，右肺比左肺大 1/4，分为尖叶、心叶、膈叶和中间叶。

（四）循环系统

循环系统是封闭的管道系统，包括心脏、血管系统和淋巴系统。心脏位于胸腔中央偏左的两肺之间。血管分为动脉、静脉和毛细血管。脾脏是犬最大的储血器官。犬全身各淋巴管最后汇总成两条最大的淋巴管，即左淋巴管和右淋巴管。

(五)泌尿生殖系统

1. 犬泌尿系统

犬的泌尿系统由肾脏、输尿管、膀胱、尿道等组成。

2. 犬生殖系统

公犬的生殖系统由睾丸、输精管、副性腺、尿生殖道和阴茎等组成;母犬的生殖系统由卵巢、输卵管、子宫(包括子宫角、子宫体和子宫颈)、阴道、尿生殖前庭和阴门等组成。

(六)感觉系统

1. 嗅觉

犬的嗅觉器官是最重要的感觉器官,刚出生的仔犬就能辨别气味,犬敏锐的嗅觉已被人类利用于众多领域中。如警犬能够根据犯罪分子在现场遗留的物品、血迹、足迹等进行鉴别和追踪;缉毒犬能够从众多的邮包、行李中嗅出藏有可卡因等毒品的包裹;搜爆犬能准确地搜出藏在建筑物、车、船、飞机中的爆炸物;救助犬能够帮助人们寻找深埋于雪地、沙漠及倒塌建筑物中的遇难者。

2. 听觉

犬的听觉发达,灵敏,远胜于人类,是人类听觉能力的 4 倍左右,能在 25 m 的范围之外辨听到异样声响。犬不但能听到很微弱的声音,还能准确地分辨出音调的高低、强弱和变化。

3. 视觉

犬的视觉不好,天生色盲,还有直视倾向。对于静止的物体,成年犬只能看到 50 m 以内范围,对于 100 m 以外的物体视觉模糊不清。犬对于活动的物体反应较灵敏,视野可达 250 m,可轻易地察觉身后的一切。

4. 味觉

犬的味觉较差,不能辨别复杂的味道,主要依靠嗅觉闻到食物的香味。犬记住的是气味而不是味道。

三、宠物犬方位术语

(一)轴

轴分为纵轴和横轴。

(1)纵轴　又称长轴,指机体和地面平行的轴。头、颈、四肢和各器官的长轴是以自身长度为标准的。

(2)横轴　指和纵轴垂直的轴。

(二)面

(1)矢状面　又称纵切面(图 2-5A),是与纵轴平行且垂直于地面的切面,分为正中矢状面和侧矢状面。

正中矢状面只有一个,位于机体正中,将犬分为左、右对称的两半。侧矢状面有多个,是位于正中矢状面两侧的矢状面。

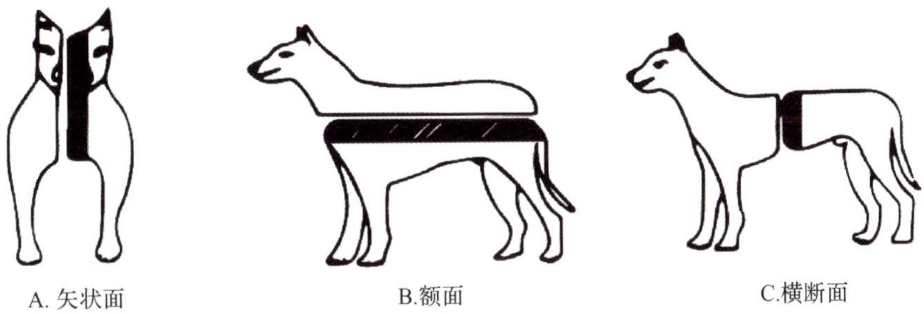

图 2-5　犬身体的各个面

(2)额面　又称水平面(图 2-5B),是指与身体长轴平行且和矢状面、横断面相垂直的切面,可将机体分为背、腹两部分。

(3)横断面　是指与机体纵轴相垂直的切面(图 2-5C),将机体分为前、后两部分。

(三)方位术语

1. 用于躯干的方位术语

(1)头侧　又称为前,指靠近机体的头端。

(2)尾侧　又称为后,指靠近机体的尾端。

(3)背侧　指额面上方的部分。

(4)腹侧　指额面下方的部分。

(5)内侧　指靠近正中矢状面的一侧。

(6)外侧　指远离正中矢状面的一侧。

2. 用于四肢的方位术语

(1)近端　指靠近躯干的一端。

(2)远端　指远离躯干的一端。

(3)背侧　指四肢的前面。

(4)掌侧　指前肢的后面。

(5)趾侧　指后肢的后面。

(6)尺侧　指前肢的外侧。

(7)胫侧　指后肢的内侧。

(8)腓侧　指后肢的外侧。

课后知识巩固

1. 近端是指靠近(　　)的一端。

A. 躯干　　B. 后肢内侧　　C. 前肢　　D. 后肢外侧

2. 躯干背侧指(　　)上方的部分。

A. 额面　　B. 腹侧　　C. 头侧　　D. 尾侧

3. 刚出生的仔犬就能辨别气味是由于有敏锐的(　　)。

A. 味觉　　B. 嗅觉　　C. 听觉　　D. 视觉

4. 犬的泌尿系统由(　　)等组成。

A. 肾脏　　B. 输尿管　　C. 膀胱和尿道　　D. 以上全是

5. 犬眼型依上、下眼睑的状态可分为(　　)和椭圆眼等。

A. 圆形眼　　B. 杏仁眼　　C. 三角眼　　D. 以上全是

任务二　宠物猫身体结构识别

情境导入

在一个阳光明媚的午后，小猫米米在主人的陪伴下，悠然自得地在院子里玩耍。突然，米米从院子的矮墙上跳了下来，虽然矮墙高度不高，但它却发出了一声惨叫。主人急忙跑过去，发现米米正一瘸一拐地走着，似乎腿部受了伤。

主人心急如焚，立刻决定带米米去看兽医。到了诊所，兽医仔细检查了米米的伤势，发现米米的腿部骨骼没有大问题，但肌肉有些拉伤。为了更好地解释病情和帮助主人后续护理患猫，兽医开始为主人讲解宠物猫的解剖结构。主人听得津津有味，原来猫咪看似柔软的身体里藏着这么多复杂的结构和奥秘。通过这次经历，主人不仅更加了解了米米的身体构造，也学会了如何在日常生活中更好地照顾它。

一、猫解剖结构识别

(一)猫运动系统识别

1. 骨骼

猫的全身骨骼分为头骨、躯干骨、前肢骨和后肢骨。头骨由颅骨和面骨组成。

头骨背面光滑而有凸起，后边最宽，眶缘不完整。躯干骨有颈椎7节、胸椎13节、腰椎7节、荐椎3节（愈合为荐骨），尾椎有21～23节。肋骨共有13对，前9对为真肋，后4对为假肋，假肋的最后一对为浮肋。肋骨从前向后，长度逐渐增加，第9对、第10对肋骨最长，以后又逐渐缩短。

胸骨由8块骨头组成，由前向后分为胸骨柄、胸骨体和剑突3部分。猫的前肢骨包括肩胛骨、锁骨、臂骨、前臂骨（尺骨、桡骨）、腕骨、掌骨和指骨；后肢骨包括髋骨、股骨、髌骨、小腿骨（胫骨、腓骨）、跗骨、跖骨和趾骨。

猫的脚掌下有很厚的肉垫，每个脚趾下又有小的趾垫，起到极好的缓冲作用。每个脚趾上长有锋利的三角形尖爪，尖爪平时可蜷缩隐藏在趾毛中，只有在摄取食物、捕捉猎物、搏斗、刨土、攀登时才伸出来。猫爪生长较快，为保持爪的锋利，并且防止爪过长影响行走和刺伤肉垫，猫常进行磨爪。

2. 肌肉

猫的皮肌发达，几乎覆盖全身。全身肌肉共有500多块，收缩力很强，尤其是后肢和颈部肌肉极发达，故猫行动迅速，灵活敏捷。

（二）猫消化系统识别

猫的消化系统由口、咽、食管、胃、小肠、大肠、肛门及肝、胰、唾液腺等组成。

1. 口

猫的口腔较窄，上唇中央有一条深沟直至鼻中隔，沟内有一系带连着上颌，下唇中央也有一系带连着下颌。上唇两侧有长的触毛，是猫特殊的感觉器官，其长度与身体的宽度一致。猫舌薄而灵活。猫齿齿冠很尖锐，有撕裂食物的作用。猫牙齿的生长发育分2个阶段，即乳齿阶段和永久齿阶段。乳齿阶段共生26颗牙齿，即上腭6颗乳切齿，2颗乳犬齿，6颗乳前臼齿；下腭6颗乳切齿，2颗乳犬齿，4颗乳前臼齿。永久齿阶段共有30颗牙齿，即上腭6颗切齿，2颗犬齿，6颗前臼齿，2颗臼齿；下腭6颗切齿，2颗犬齿，4颗前臼齿，2颗臼齿。

2. 咽

咽是口腔后端的一个空间，是食物和空气出入的交叉道。

3. 食管

食管为肌性直管，位于气管的背侧。猫的食管可反向蠕动，能将吞下的大块骨头和有害物呕吐出来。

4. 胃

胃呈弯曲的囊状，右端窄，左端大，位于腹前部，大部分偏于左侧，在肝和膈之后。猫胃为单室，有胃腺，胃腺十分发达，分泌盐酸和胃蛋白酶，能消化吞食的肉和骨头。

5. 肠

小肠分为十二指肠、空肠和回肠。大肠分为盲肠、结肠和直肠。在肛门两边有两个大的肛门腺，开口于肛门。

6. 肝、胰和唾液腺

肝较大，呈红棕色，有胆囊，位于腹腔的前部，紧贴于膈的后方。胰腺是扁平、不规则分叶的腺体，浅粉色，位于十二指肠"U"形弯曲之间，有大胰管和副胰管，开口于十二指肠。唾液腺特别发达，有腮腺、颌下腺、舌下腺、臼齿腺和眶下腺。

（三）猫呼吸系统识别

1. 鼻

鼻被鼻中隔分成两部分。鼻中隔的前端有一条沟，将上唇分为两半。鼻黏膜内有大量的嗅细胞，嗅觉灵敏。

2. 喉

喉腔内有前后两对皱褶，前面一对即前庭褶，和犬等动物相比较宽松，又称假声带。空气进出时振动假声带，使猫不断发出低沉的"呼噜呼噜"声；后一对为声褶，与声韧带、声带肌共同构成真正的声带，是猫的发音器官。

3. 气管和支气管

气管和支气管是呼吸的通道，气管由不完全的软骨环组成，末端分为左、右支气管。

4. 肺

右肺较大，分 4 叶；左肺较小，分 3 叶，其中前两叶基部部分缔连在一起，所以左肺只有完全分开的 2 叶。猫肺体积较小，所以猫不适宜长时间剧烈运动。

（四）猫泌尿系统识别

猫肾脏位于腰椎横突下方，在第 3～5 腰椎腹侧，右肾靠前，左肾靠后。肾被膜上有丰富的被膜静脉，这是猫肾所独有的特点。猫一昼夜排尿量为 100～200 mL。

（五）猫生殖系统识别

1. 公猫生殖器官

公猫生殖器官包括睾丸、附睾、副性腺、输精管、尿道、阴囊和阴茎。猫的副性腺只有前列腺和尿道球腺，无精囊腺。猫的阴囊位于肛门的腹面，中间有一条沟，为阴囊中隔的位置。猫的阴茎呈圆柱形，远端有一块阴茎骨。

2. 母猫生殖器官

母猫生殖器官包括卵巢、输卵管、子宫和阴道。子宫属双角子宫，呈"Y"形。猫是著名的多产动物，在最适条件下，母猫 6～8 个月就能达到性成熟。母猫的发情表现为发出连续不断的叫声，声大而粗。猫一年四季均可发情，但在我国大部分地区，气候较热的季节发情少或不发情。猫的发情周期一般是 14～21 d，发情期可持续 3～6 d。猫为刺激性排卵动物，受到交配刺激后，约 24 h 卵巢排卵。母猫妊娠期 60～63 d。

（六）猫的感觉

1. 听觉

猫耳由外耳、中耳和内耳组成。猫的外耳运动十分灵活，好像雷达那样，不断搜索着声音发出的方向，能随声波方向而转动。猫可以在头不动的情况下，外耳做180°的转动。猫的听觉非常灵敏，对声音的定位功能也比人强，猫能辨别15～20 m远处、相距1 m左右两个不同声源发出的两种相似的声音。猫能听到30～45 000 Hz的声音而人只能听到20～20 000 Hz的声音。所以，猫能感觉到人类不能感觉到的超声波。

2. 嗅觉

猫的嗅觉能力比人类高14倍，猫的口中上端有一感觉器官可以分辨气味。但是如果猫被喷洒香水，会扰乱它们的嗅觉功能。因此，除非是美容比赛需要，猫日常不适合喷洒香水。

3. 视觉

猫的视力不到人类的1/10，只能看清距离眼前10～20 m的静止物体，太远或者太近的东西，在猫的眼中都是模糊的。但是，猫的视野却很广，人类的视野度数约为200°，猫却可以达到280°。猫可以灵敏地感知运动的物体，猫的眼睛在深夜里非常强大，只需要1/6的人类照明需求的光强度，就可以看清楚快速运动着的"猎物"，这也是为什么猫可以在夜里随意跑动却不会撞到东西。猫对色彩的认知很差，能识别出绿色和蓝色，却无法识别出红色。

4. 味觉

食物的味道是靠舌头以及位于舌头周边的称为味蕾的感受器感觉到的。猫的味蕾只有800个左右，所以猫的味觉要比人类差。猫的味觉感知大概有酸、甜、苦、咸4种，其中酸和咸的味觉感知最为敏锐，甚至超过了犬。正是由于猫味觉对酸敏感，才使得它们能对腐败、变质食物所产生的毒素具有高度的警惕性，从而拒绝食用这些不新鲜或变质的食物。

任务三　常见宠物犬的分类和品种欣赏

情境导入

想象一下这样的场景：当你走在街上，看到一只毛茸茸的"柯基"扭着屁股跑过，或是一只威武的"德牧"昂首阔步时，会不会好奇它们属于哪一类犬种？为什么有的犬小到能装进茶杯，有的却高大如小马驹？

接下来，让我们进一步探索宠物犬的世界，从更广泛的分类和品种中去欣赏它们各自的独特之处。无论是超小型犬的灵动、小型犬的活泼、中型犬的稳重、大型犬的威猛，还是超大型犬的霸气，每一种犬类都有其不可替代的魅力。

微课　常见宠物犬的分类和品种欣赏

一、犬的分类

目前，世界上公认的犬品种有400多个，其形态、血统较为复杂，部分犬在用途上可兼用。目前，犬的分类主要有以下两种方法。

（一）按犬的体形分类

按犬的体形大小将犬分为五类。

1. 超小型犬

体重通常<4 kg，身高<25 cm，适合室内饲养。如吉娃娃、茶杯犬、约克夏犬、博美犬、马尔济斯犬等。

2. 小型犬

体重4～10 kg，身高25～40 cm，活动量较小。如贵宾犬、西施犬、腊肠犬、迷你雪纳瑞犬、美国可卡犬等。

3. 中型犬

体重10～30 kg，身高40～60 cm，需要中等运动量，多用作家庭玩赏犬、猎犬，少数可作警犬、军犬。如松狮犬、沙皮犬、惠比特犬、巴吉度犬、史宾格犬等。

4. 大型犬

体重30～50 kg，身高60～70 cm，需较大活动空间，可用作军犬、警犬、看家犬、导盲犬、牧羊犬等。如德国牧羊犬、阿拉斯加犬、杜宾犬、拉布拉多猎犬、金毛寻回猎犬、大麦町犬等。

5. 超大型犬

体重>50 kg，身高>70 cm，食量和运动量极大。拥有魁梧的身躯、威武的外貌，如圣伯纳犬、大丹犬、大白熊犬、高加索犬等。

（二）按犬的用途分类

按犬的用途将犬分为6类。

1. 工作犬

工作犬主要承担人类安排的工作任务，具有较强的服从性和耐力。代表品种有德国牧羊犬、拉布拉多猎犬、金毛寻回猎犬等。

2. 狩猎犬

狩猎犬是主要用于狩猎作业的犬类，又称为猎犬。狩猎犬嗅觉、视觉等感官能力强，耐力与专注性都较高，能通过叫声或动作与猎人协作完成狩猎任务。代表品种有巴吉度犬、比格犬、惠比特犬等。

3. 枪猎犬

枪猎犬是指用于猎鸟的犬类，多数从狩猎犬演变而来。一般体形较小，性格机警。代表品种有德国短毛波音达犬、英国指示犬等。

4. 㹴犬

㹴犬是一类精力充沛、性格坚韧的犬种，大多体形中等或偏小，具有挖掘和捕猎穴居动物(如狐狸、老鼠等)的本能。㹴犬现已演变为漂亮的玩赏犬而遍布全球，比较著名的有约克夏犬、雪纳瑞犬、波士顿㹴犬等。

5. 玩赏犬

玩赏犬是指专门用于家庭饲养的小型室内犬，有“犬中小孩”之称。此类犬体态娇小，容姿优美，举止优雅，被毛华美，可增加人们生活的情趣。代表品种有京巴犬、蝴蝶犬、吉娃娃犬、玩具贵宾犬、博美犬等。

6. 家庭犬

家庭犬是适于家庭饲养的一类犬，对主人忠心，热情，活泼好动，待人亲切，能给人们增添许多生活的乐趣，适于独居者或老人饲养。代表品种有贵宾犬、日本狐狸犬、西施犬、松狮犬等。

二、常见超小型犬品种

(一)吉娃娃犬

吉娃娃犬(图 2-6)身高一般在 15～23 cm，体重在 1～3 kg，是体形最小的犬种之一，身体结构紧凑、匀称，背线平直。

图 2-6　吉娃娃犬

1. 头部

头部呈圆形“苹果”状，这是吉娃娃的外形标志。耳朵大且薄，警觉时呈直立状态；眼球饱满突出，颜色多为黑色或红色；鼻子颜色与体色相同，口吻长度比头盖骨略短，门齿为剪状咬合。

2. 四肢纤细

前肢较直，肩窄，向下逐渐变宽，保证肘部活动不受约束；后肢肌肉强健，间距适中。脚部小巧纤细，有弹力，脚趾甲弯曲度高。

3. 被毛多样

分为长毛种和短毛种。短毛吉娃娃的被毛短而密集，贴近身体，光滑而有光泽；长毛吉娃娃的被毛长而丰厚，部分呈波浪状，脖子上有完整的内层被毛包围，耳部边缘有饰毛。

（二）博美犬

博美犬（图 2-7）身体呈圆形，体长一般在 18～30 cm，体重通常在 1.36～3.18 kg，属于小型犬中的娇小型，身形轻巧，能够轻松适应各种生活环境。

图 2-7　博美犬

1. 头部

头部呈楔形，整体略圆，似狐狸头。耳朵小而尖，直立在头顶，显得十分机警；眼睛为杏仁形，中等大小，颜色深且明亮，眼神机灵聪慧；鼻子小而圆，在白色、橙色和阴影貂色个体中多为黑色。

2. 四肢

前腿中等长度，笔直且平行，骨骼结实，肘部紧贴胸肉；后腿肌肉适度发达，膝关节轮廓清晰，后肢骨长度适中，彼此平行。爪子小而紧凑，站立稳。

（三）马尔济斯犬

马尔济斯犬（图 2-8）是一种极具魅力的小型玩赏犬。成年犬体高一般在 20～25 cm，体重在 3～5 kg，属于超小型犬，身材比例精致，整体给人一种小巧玲珑的感觉。

图 2-8 马尔济斯犬

1. 头部

圆润的头部，搭配黑亮的杏仁眼，如同宝石般璀璨，眼神灵动且充满好奇。鼻吻短而精致，鼻子通常为黑色。耳部位置较低，耳尖微微向下。

2. 四肢

纤细柔韧，足爪紧凑而结实。前肢修长，后肢发达，走起路来脚步轻盈，步态优美而灵活，尾巴自然上翘，弯曲在背上，走动时尾巴经常随着步伐轻轻摆动，显得活泼、兴奋。

（四）蝴蝶犬

蝴蝶犬（图 2-9），原产于西班牙，属于小型犬，身高一般在 20～28 cm，体重在 3～5 kg，身体比例为体长略大于肩高，整体骨骼较细。

图 2-9 蝴蝶犬

1. 头部

脸型似狐狸，头颅宽度中等，略呈圆拱形。吻尖长为头长的1/3左右，鼻镜呈黑色。眼睛在脸部较低位置，形状圆，中等大小，眼眶和眼球色暗，不外突。唇紧、薄，牙齿为剪状咬合。耳朵是蝴蝶犬最显著的特征，有立耳和垂耳两种类型，立耳型耳朵直立，耳饰毛丰富，警觉时两只耳朵会与头部形成45°夹角；垂耳型则耳朵完全向下。

2. 四肢

前肢直且骨骼纤细，后肢发达，有适当的角度，足爪细而长，呈野兔爪形。尾巴长，尾根位置高，反搭在背上，尾巴上长有长而飘逸的饰毛，向背部弯曲，尾部饰毛可搭在身体两侧。

（五）约克夏犬

约克夏犬（图2-10）是一种原产于英国的超小型㹴犬品种，身高一般在18～23 cm，体重在1～3 kg，属于超小型犬，能轻松被抱起或放在手提包中携带出门。

图2-10　约克夏犬

1. 头部

头部较小且顶部较平，眼睛中等大小，不突出，颜色深邃明亮，眼圈颜色较深，鼻镜为黑色，随着年龄增长会变浅。耳朵为“V”形，直立且耳根位置适中，两耳间距不大，口吻中长，牙齿结实，呈剪状咬合或钳式咬合。

2. 四肢

四肢笔直，后膝关节角度适当，脚爪圆润，趾甲呈黑色。尾巴需要断尾，通常只保留1/3的长度，尾根高，被长毛覆盖，上扬。

三、常见小型犬品种

（一）贵宾犬

贵宾犬（图2-11）又称贵妇犬、蒲尔犬、蒲多犬。该犬常被修剪成各种造型，在法国备受宠爱，尊为“国犬”。美国养犬俱乐部（AKC）将贵宾犬分为标准型、迷你型和玩具型。标准型贵宾犬体高38.1 cm以上，体重12 kg以上；迷你型贵宾犬体高25.4～38.1 cm，体重7～12 kg；玩具型贵宾犬体高25.4 cm以下，体重3.2～7 kg。

1. 头部

头小而圆，从上方看，整个颅骨似椭圆形；从侧方看，颅骨略微凸起。耳朵较长，呈扁平状，沿着脸颊下垂，贴紧头部，耳根位置稍低于眼睛的水平线。眼睛呈杏仁状，黑色或者深棕色，眼距较宽。吻长而不尖，直且纤细，吻长为头长的1/2，牙齿白，呈剪状咬合，鼻镜呈黑色。

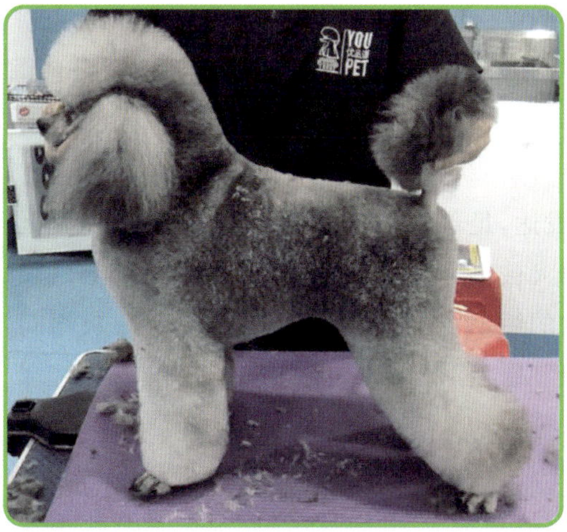

图 2-11　贵宾犬

2. 四肢

颈部比例匀称，结实且修长，长度略小于头长，颈背后微微拱起，喉部皮毛紧实且软。背线水平，从肩胛骨最高点延伸至尾巴根部，既不倾斜也不呈拱形，肩部后方形成一个小的凹陷。胸部宽阔，肋骨富弹性，腰部短而宽，肌肉结实。

四肢修长，两前肢直，正看相互平行，肘部位于肩的正下方，后看两后肢直且平行，膝关节屈曲，健壮且结实，股骨和胫骨的长度几乎相等，跗关节至脚跟的距离短，垂直于地面。足较小，卵圆状，肉垫厚。尾巴直，呈剑状，尾根位置高并且向上翘起，通常断尾 1/2 或 1/3，仅保留 2～3 节尾椎。

（二）迷你雪纳瑞犬

迷你雪纳瑞犬（图 2-12）肩高 30～35 cm，体重 5～8 kg。身体结构紧凑，骨骼结实，整体呈正方形轮廓，给人以稳重干练的感觉。

图 2-12　迷你雪纳瑞犬

1. 头部

头部呈矩形，额头平坦，鼻梁笔直，眼睛中等大小、呈深褐色，眼神机灵。耳朵常修剪为“V”形，直立（未修剪时自然下垂），耳根位置高，显得精神十足。

2. 四肢

前肢笔直，后肢肌肉发达，足部圆拱，脚垫厚实。尾巴通常断尾至1/3，保持直立上扬，与整体造型相协调。雪纳瑞犬被毛分为两层：外层为粗硬的刚毛（触感粗糙，需定期拔毛或修剪以保持造型），内层为柔软的绒毛。常见毛色包括椒盐色（黑灰相间）、黑色、银黑色，毛发在脸部、腿部形成独特的“胡须”“眉毛”，酷似“小老头儿”。

（三）比熊犬

比熊犬（图 2-13），又名巴比熊犬、卷毛比熊，原产于地中海地区，体高 20～30 cm，体重 3～5 kg。身体比例匀称，整体呈球形轮廓，四肢短而结实，步态轻盈欢快，自带“萌感”。以蓬松如棉花糖的白色被毛和友善亲人的性格著称，凭借萌趣外形与温顺气质成为全球广受欢迎的家庭伴侣犬。

图 2-13 比熊犬

1. 头部

头部呈圆形，与身体比例协调，给人一种小巧精致的感觉，从侧面看，头盖比吻部长，两者相差 4.9～7.4 cm。额头饱满，眼睛大而圆、呈深褐色，眼神无辜灵动，配合下垂的长耳（耳尖有饰毛），形成典型的“萌犬”面容。

2. 四肢

前肢骨量中等，比较直，前臂较短，从前面看呈垂直状，伸展轻松自如，能很好地支撑身体重量，使比熊犬在行走和奔跑时保持平衡。后肢有一定的弯曲程度，跗关节部分低下，大腿部位结实粗壮，肌肉发达，能提供强大的驱动力，推动身体前进，从跗关节到足爪这部分后腿完全垂直于地面。

(四)西施犬

西施犬(图 2-14),原产于中国,体高 25～30 cm,体重 4～7 kg,属于小型犬,适合家庭饲养,尤其适合公寓生活。

图 2-14　西施犬

1. 头部

宽圆的头骨搭配短而宽的口吻,形成圆润的"苹果头"造型,额段(眉骨)明显,从侧面看,头部曲线柔和。大而圆的眼睛搭配下垂的长耳,加上丰厚的毛发覆盖,使其面部表情显得甜美、温顺,自带"无辜感",极具亲和力。

2. 四肢

前肢直,骨骼良好,肌肉发达,腕部强壮而垂直;后肢发达,与前肢呈一条直线,膝关节适当弯曲,跗关节角度低;脚垫发达,脚尖向前。身躯短而结实,体长略大于肩高;胸部宽而深,肋骨扩张良好。尾根位置高,饰毛丰厚,呈菊花状翻卷在背后。

四、常见中、大型犬品种

(一)萨摩耶犬

萨摩耶犬(图 2-15),成年雄性的肩高通常在 53～60 cm,体重 20～32.5 kg;雌性肩高 48～53 cm,体重 16～22.5 kg。身体结构紧凑,肌肉发达,身长稍大于身高,比例大约为 10∶9。

图 2-15　萨摩耶犬

1. 头部

头部呈楔形,头盖平且宽广,头额段明显。耳朵直立,较厚,呈三角形,尖端略圆,位置较高，能灵活移动。眼睛呈深棕色，杏仁状，眼距大，眼神灵动而友善，萨摩耶幼时眼白会呈现轻微的淡蓝色，随着年龄增长逐渐消失。吻部长度和宽度中等，从鼻根部向鼻尖部逐渐变细，鼻梁较长，鼻端、口周多呈黑色，嘴角上翘，形成独特的“萨摩耶式微笑”。

2. 四肢

前肢直，彼此平行，脚腕结实而柔韧；后肢发达，后肢膝关节角度恰当，约与地面呈 45°夹角，不内弯外翻；足爪长而大，稍平，脚趾圆拱，脚垫厚实。颈部结实、肌肉发达，骄傲昂起，立正时与肩结合形成优美的拱形。

尾长度适中，能延伸到跗关节，警惕时会卷到后背上或卷向一侧，休息时尾巴自然下垂。

（二）阿拉斯加雪橇犬

阿拉斯加雪橇犬（图 2-16）是最古老的雪橇犬之一，属于大型犬，成年雄性肩高 61～66 cm，体重 36～43 kg；稍小，肩高 56～61 cm，体重 32～38 kg。身体结构紧凑，肌肉发达，整体给人一种强壮而坚韧的感觉。

1. 头部

头盖宽广，耳朵呈三角形、耳尖略圆，耳根位于头部较高位置，警惕时保持竖立。眼睛呈杏仁形，颜色多为褐色，眼神坚定而忠诚。吻部宽大，从根部向鼻尖渐收，嘴唇紧密闭合，上下腭宽大，牙齿巨大，剪状咬合。

2. 四肢

四肢骨骼粗壮，腿部肌肉发达，前肢笔直，后肢较宽，膝关节弯曲，脚掌大且脚垫厚实。尾巴较为蓬松，通常卷曲于背上，像一根大羽毛，运动时也会自然摆动。

（三）拉布拉多猎犬

拉布拉多猎犬（图 2-17）原产于加拿大纽芬兰岛，公犬肩高 54～57 cm，体重 27～34 kg；母犬肩高略低，在 54～56 cm，体重 25～32 kg。身体结构匀称，肌肉发达，具有良好的运动能力。

图 2-16　阿拉斯加雪橇犬

图 2-17　拉布拉多猎犬

1. 头部

头盖骨宽阔，头部线条清晰，从侧面看，头部和鼻子之间不是一条直线。眼睛呈栗色或者淡褐色，眼神温和而友善。耳朵大小适中，耳基宽，附着高，耳尖斜下，悬垂于头两侧。鼻子宽阔，鼻孔较大，颜色多为黑色或褐色。嘴巴宽阔，牙齿为剪状咬合。

2. 四肢

前肢发育良好，骨骼强壮，呈垂直状态；后肢垂直平行，大腿部强壮有力；趾强健而紧凑，适当拱起，肉垫发育良好。尾巴根部很粗，逐渐向尾尖变细，长度适中，有短而厚密的毛覆盖，呈圆形，被称为“獭尾”，在运动时尾巴会自然摆动。

(四)金毛寻回猎犬

金毛寻回猎犬(图 2-18)，又称金毛、黄金猎犬，是一种起源于苏格兰的中型猎犬品种。雄性体高 56～61 cm，体重 29～34 kg；雌性体高 51～56 cm，体重 25～29 kg。整体结构匀称，胸部深且宽，背线强壮且保持水平，臀部略微倾斜。

图 2-18　金毛寻回猎犬

1. 头部

头骨宽，呈轻微拱形；眼中等大小，色深，间距大；耳根高，耳小，下垂，紧贴面颊；牙齿呈剪状咬合。

2. 四肢

前肢直，骨量充足，不太粗壮，掌部短而强健、略倾；后肢宽，肌肉发达，膝关节充分弯曲、踝关节贴近地面；足爪中等大小，圆而紧凑，趾垫厚。尾根高，饰毛长而浓密，自然延伸，尾部跟背部保持平行，尾端卷曲或朝背部上卷，但力度稍差。

课后知识巩固

1. 按犬的体形大小将犬分为(　　)类。

A. 三　B. 五　C. 四　D. 六

2. 按犬的用途将犬分为(　　)类。

A. 三　B. 五　C. 四　D. 六

3. 吉娃娃犬原产于(　　)。

A. 美国　B. 墨西哥　C. 中国　D. 法国

4. 可以将拉布拉多猎犬分类为(　　)。

A. 工作犬　B. 宠物犬　C. 狩猎犬　D. 家庭犬

5. 可以将雪纳瑞犬分类为(　　)。

A. 工作犬　B. 宠物犬　C. 狩猎犬　D. 㹴犬

任务四　常见宠物猫的分类

情境导入

小李一直以来都对猫情有独钟，他觉得每一只猫都有着自己独特的魅力和个性。今天，他无意间翻到了一本介绍宠物猫品种的杂志，瞬间被里面各式各样的猫所吸引。

首先映入眼帘的是高贵典雅的波斯猫，它们拥有如云朵般柔软的毛发和迷人的蓝色眼睛，让人忍不住想要亲近；紧接着是活泼好动的暹罗猫，它们身材苗条，毛色独特，聪明且好奇，总是充满活力。

随着翻阅，小李还看到了憨态可掬的英国短毛猫、神秘优雅的伯曼猫以及机警灵敏的阿比西尼亚猫等众多品种。每一种猫都有着其独特的外观特征和性格特点，让小李大开眼界。于是，他决定利用周末的时间去当地的宠物店或猫咪咖啡馆，亲自欣赏这些不同品种的宠物猫，感受它们各自的魅力。

人类驯养猫的时间很长，但对猫品种改良工作做得较少，分布在世界各地的猫，与其祖先相比，在体重及体长方面没有太大变化，猫的繁育及进化在很大程度上未受控制，猫品种也没有其他畜禽品种多。目前猫品种分类有以下 3 种方法。

一、按生存环境分类

（一）家猫

家猫是指经过人类驯化后饲养的猫，但其通常不会太过依赖人类，仍具有独立生存的本能。

（二）野猫

野猫的祖先生活在沙漠、山林等野外环境中，历史上最早出现猫的踪迹大约在 1 200 万年前。

二、按品种培育分类

（一）纯种猫

纯种猫是指经过数年、数代时间由人类精心培育而成的品种。这类猫被严格控制其繁殖程序，遗传特性稳定，小猫与父、母猫之间具有相似特性，每只猫都有血统记录，包括性别、品种、体态特征及祖先等。

（二）杂种猫

杂种猫是指未受人为控制、自行繁衍的品种。这类猫遗传特性不稳定，同窝小猫中也常出现不同的毛色。

三、按毛长短分类

猫的被毛具有显著的品种特征，纯种猫按被毛的长度分为长毛猫、短毛猫和无毛猫。

（一）长毛猫

长毛猫被毛非常茂密，能使猫的体形看起来增大一倍，底层被毛是猫体形增大的主要原因。长毛猫在春季和秋季会大量脱毛，外貌发生较大变化。

长毛猫脸型分为圆脸、楔形脸或介于两者之间。圆脸长毛猫，头圆而结实，顶宽，双颊圆而饱满，耳小，尖端呈圆形，耳间距宽，耳位低，鼻短宽，鼻梁凹陷；楔形脸长毛猫，两耳间距宽，呈直线向鼻口部变窄，侧看脸型突出，鼻长且直，耳大而尖；脸型介于两者之间的长毛猫，头长中等，比例恰当，侧看脸型呈直线或稍有凹陷，耳大而尖，间距宽，高高位于头上。

常见的长毛猫品种有缅因猫、布偶猫、喜马拉雅猫、波斯猫及索马里猫等。

（二）短毛猫

短毛猫被毛较短，能清楚看到毛皮下的肌肉线条。短毛猫在外观和毛皮质地上不相同，被毛可能短而光亮，紧贴身体，也可能身体各处被毛长短不一，被毛质地有细腻和粗糙、厚密和松软、平直和卷曲之分。

短毛猫的脸型分为圆脸、楔形脸或是介于两者之间。圆脸短毛猫脸呈圆形，双颊饱满头顶很宽，鼻宽而短直，侧看前额呈圆形，鼻梁略凹，耳小，间距宽，耳尖呈圆形：楔形脸短毛猫脸型细长典雅，鼻口部明显变窄，侧看时脸呈直线形，长鼻无凹陷，耳大而尖，耳根宽；脸形介于两者之间的短毛猫，头比例适中，头顶略宽，并逐渐变成稍呈圆形的三角形，鼻梁略凹陷，耳中等偏大，耳根宽。

常见的短毛猫品种有暹罗猫、美国短毛猫、日本短尾猫、俄罗斯蓝猫、英国短毛猫、阿比西尼亚猫及苏格兰折耳猫等。

（三）无毛猫

无毛猫全身无毛或毛较少，在身体某些特殊部位有绒毛分布。如加拿大无毛猫全身有一层绒毛，尤其是脸、耳、脚和尾巴上绒毛较多。

此外，还有一些不常用的分类方法，如按眼睛颜色、被毛颜色进行分类。我国常用毛色特征给猫分类，如白猫、黑猫、狸花猫等。命名很有诗意，如“锦上添花”，指全身为黑、黄、白、灰色，这些毛色中又分散其他毛色花片；“龙凤恋”，指除头面是一种清晰的毛色外，其他部位全是如花纹缠绕的毛色。

任务五　宠物犬的心理及行为特点

情境导入

在一个风和日丽的下午，张先生正准备出门上班，突然发现放在客厅茶几上的钱包不见了。他家里平时只有他和他的宠物犬阿黄，门窗也都关得好好的，排除了外人进入的可能。正当张先生焦急万分准备报警时，他注意到了阿黄正蹲在客厅的一角，眼睛紧紧盯着沙发底下，尾巴轻轻摇晃，仿佛发现了什么秘密。

张先生好奇地走过去，在阿黄的指引下，他弯腰查看沙发底下。果然，在那里找到了他丢失的钱包。原来，是家里的小侄子趁着张先生不注意，悄悄地把钱包藏在了那里，这一切都被机敏的阿黄看在眼里。

了解宠物犬的各种心理特征和行为模式，包括它们如何表达自己的情感、如何与其他动物和人类交往，以及如何适应不同的环境和情境等，将帮助我们更好地理解宠物犬的内心世界，在宠物美容过程中建立更加和谐的人宠关系。

一、犬性

微课　宠物犬的心理及行为特点

（一）食性

在未经驯化之前，犬主要以较小的动物作为食物。在被人类驯化之后，人类对犬的饮食进行了干预和控制，使犬特别是宠物犬的食性发生了改变，犬发展成为以肉食为主的杂食性动物。大部分的犬主人使用犬粮喂养犬。

犬的牙齿非常尖锐，但它们不善于咀嚼食物，所以我们会经常看到犬狼吞虎咽的样子，饲喂时应尽可能地避免犬的食道受到伤害。

（二）等级习性

犬有自己种群的等级习性，它们等级森严，相互保护。它们通过斗争取得首领的地位，最终获胜的犬作为首领，领导和统治着这个群体。其他犬在首领的面前会做出一些动作，如摇尾巴、摇头、撤退等，或是躺在首领的面前，表现得十分安静。正是因为有了明确的等级，犬之间才可以很好地相处，不存在敌对状态。

（三）领地习性

犬有独特的领地习性，即用尿液或气味来标记它们的领地，并定期更新标记，向其他动物发出领地已经被占据的信号，警告它们不要擅自闯入。犬的气味可以传递犬的领地、性别、年龄和健康状况等信息。一般一个区域只属于一只犬或一群犬。

（四）攻击习性

犬有攻击习性，其攻击行为可分为正常攻击行为和异常攻击行为。

1. 犬的正常攻击行为

犬的正常攻击行为包括保护它的主人、保护它的领地和保护自己，但如果犬的攻击行为太具有侵略性，就会变成异常的攻击行为。例如，犬很可能为了保护主人而攻击陌生人，这是正常的，但如果主人命令犬停止攻击，而犬不停止攻击，这就是一种异常攻击行为。犬的防御意识很强，如果觉得危险而采取攻击是正常攻击行为；如果犬随意伤害无辜的人，则是异常攻击行为。

2. 犬的异常攻击行为

犬的异常攻击行为包括对儿童的攻击，或捕获甚至杀死小动物等。一只平时温驯的犬突然对孩子吼叫，吓唬或伤害孩子，这是犬对孩子的竞争性攻击行为，这是一种异常攻击行为。

我们在充分了解犬的攻击习性后，应控制和引导犬的正常攻击行为，及时制止和纠正犬的异常攻击行为。

（五）吠叫习性

吠叫是犬的一种天性，也是其相互交流的方式。随着犬和人类共同生活，吠叫逐渐成为犬交流和表达情感的一种方式。犬的叫声因品种和大小的不同而存在一定差异。犬的吠叫可以传递不同的信息，如哭泣、孤独、悲伤、难过、痛苦、快乐、敦促、注意、威胁、愤怒、仇恨和警惕等。但并不是所有的犬都喜欢吠叫，如巴哥犬、法国斗牛犬等品种都较少吠叫。

二、生活习性

（一）睡眠时间

大多数犬都是在晚上睡觉，白天也会间歇性地睡觉。有些被犬主适当喂养和训练的犬也会根据主人的生活方式选择睡觉时间。

(二)天生爱玩耍

虽然犬已被驯化了很长一段时间,但它们仍有明显的遗传特征。最明显的是,不管年龄多大的犬都表现得很顽皮、爱玩耍。

(三)充满好奇心

犬对它们所处的环境和外部世界充满了好奇心。当犬第一次见到猫的时候,犬可能会表现得很热情或很警觉。但如果犬很了解猫的话,就不会表现出很有兴趣的样子,反而会忽略它们。犬本能地想了解其他动物,会在草坪上追逐宠物兔子或觅食的鸟类。当小动物逃跑时,犬会变得非常兴奋。

(四)交往习性

犬喜欢与人交往,享受与人交往的过程。犬有很强的记忆力,能与人建立深厚的友谊,全心全意地保护它们的主人。例如,主人陷入危险时,犬会想尽办法来帮助和救助主人。也许正是因为犬有这样的交往习性,人们越来越把犬当作生活中的伴侣。

三、肢体语言和行为

(一)摇尾巴

犬在害怕、兴奋、困惑时会摇尾巴。一只受惊的犬可能会一边摇尾巴,一边思考下一步该怎么做。如果愤怒的挑战者倾向于继续攻击,那么它的尾巴会高高地扬起且摇摆得更快。

(二)耳朵向后并夹紧尾巴

当犬耳朵向后并夹紧尾巴的时候,一般存在两种情况:一种是恐惧;另一种是顺从。如果它同时向后移动,可能是因为它对周围的东西或人感到害怕。

(三)露出腹部

腹部是犬非常脆弱的部位,在犬非常放松的时候,会躺在地上露出它们的腹部,舒展身体。

课后知识巩固

1. 犬在面对陌生人时,最常见的反应是(　　)。

A. 立即扑上去表示友好　　B. 保持警惕,观察对方并可能吠叫

C. 转身逃跑,表现出恐惧　　D. 无动于衷,继续做自己的事情

2. 以下哪种行为体现了犬的等级心理?( )

A. 舔舐主人的脸表示亲昵

B. 在进食时,优先让给其他犬只

C. 与其他犬只相遇时,通过身体姿态展示主导地位

D. 跟随主人时,始终保持在主人身后

3. 犬的哪种行为通常表示它感到害怕或不安?( )

A. 在地上打滚 B. 耳朵向后贴,身体微微后缩

C. 瞪大眼睛,发出低沉的咆哮 D. 围着主人转圈

4. 犬通过什么方式与其他犬只进行初步交流?( )

A. 直接用嘴触碰对方 B. 嗅闻对方的身体,特别是臀部区域

C. 发出高亢的吠叫声 D. 展示自己的玩具或食物

5. 当犬感到满足和幸福时,它可能会表现出哪种行为?( )

A. 频繁舔舐自己的鼻子 B. 翻滚身体,露出肚皮

C. 发出低沉的呜咽声 D. 紧张地四处张望

任务六 宠物美容的保定技术

情境导入

在一个阳光明媚的周末早晨,宠物美容师李欣迎来了忙碌的一天。她的第一位顾客是一只名叫"球球"的可爱比熊犬,它本来拥有一身洁白如雪、蓬松柔软的毛发,但由于近期主人工作繁忙,球球的毛发已经显得杂乱无章,失去了往日的亮丽光泽。

保定台上铺有柔软的垫子,能减少球球的不适感。李欣先是用轻柔的手法抚摸球球,让它放松下来,然后用专业的保定带和扣环,巧妙地固定住球球的四肢和身体,确保它既不会乱动也不会感到束缚。在这个过程中,李欣始终保持着耐心,不断用温柔的话语安抚球球,让它感受到安全和放松。

一、宠物的行为表现

微课 宠物美容的保定技术

(一)友好,喜欢和人们互动

犬、猫表示友好时比较冷静,眼神温和,动作放松,尾巴自然下垂至半高状态,并不时地轻松晃动。

（二）机警，随时准备保护自己

犬、猫处于警觉状态时会随时准备为保卫自己而战。眼神接触的时间较长，而且坚定。移动时行动缓慢，尾巴高高抬起，有时尾巴会僵直地晃动，通常尾巴尖端处会高频率地晃动。

（三）害怕，避免与人互动

犬、猫感到恐惧时会试图离开让它产生恐惧的人或物。犬在恐惧时尾巴下垂，而且通常夹在两腿之间。恐惧初期的表现为舔嘴唇和面部出现恐惧表情（嘴唇向后拉开，露出牙齿），耳朵向后紧贴头部，身体前部低倾，而且避免眼神接触。当猫感到害怕时，它们通常会弓起背部，毛发竖立，尾巴下垂，发出低吼声。

二、常用保定工具

（一）绳圈

1. 用途

可将犬固定在美容台上，以便美容的顺利进行。

2. 类型

市售通常有尼龙、钢丝、皮革绳圈（图 2-19、图 2-20）。按犬的个体大小，应选择合适长度和宽度的绳圈给犬戴上。尼龙绳的宽度多为 1.0 cm 和 1.5 m，长度为 52～65 cm，可调节；钢丝外侧有一层加厚软套管，项圈部位加弹力海绵护套用于保护颈部，长度可调节，可以根据犬只大小选择不同长度规格的吊绳。

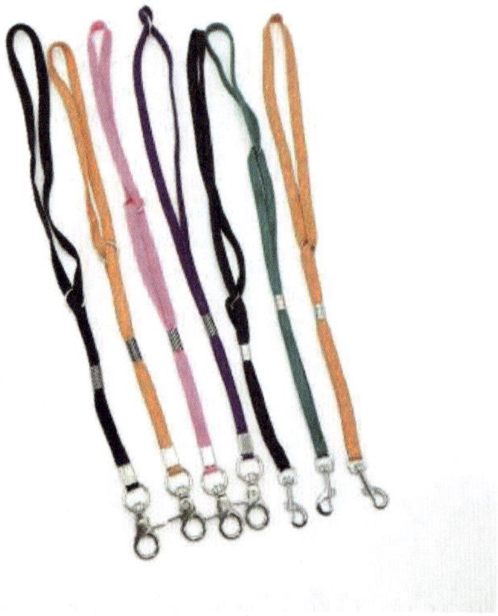

图 2-19　尼龙绳圈

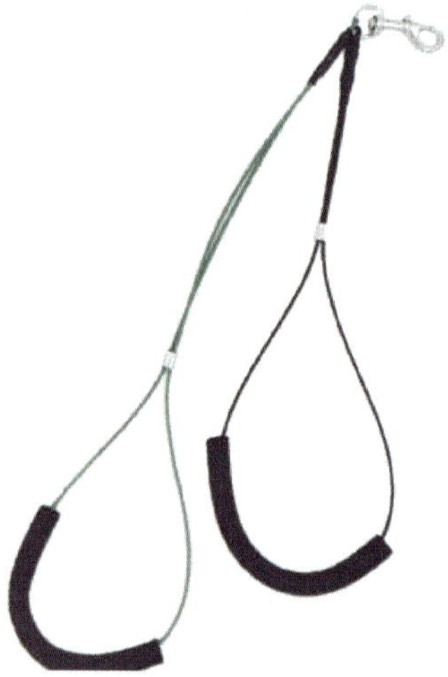

图 2-20　钢丝绳圈

3. 说明

绳圈尽量要收短，但要注意不要让犬有被勒紧的感觉。大型犬使用的绳圈，尤其要注意采用加厚材质的。

（二）嘴套

1. 用途

快速保定犬的嘴部，以免工作人员被犬咬伤。

2. 类型

市售有尼龙、塑料、人造丝或皮质嘴套（图 2-21、图 2-22）。按犬的个体大小分为大、中、小 3 种，应选择合适的嘴套给犬戴上。

图 2-21　尼龙嘴套

图 2-22　塑料嘴套

3. 说明

市售尼龙或人造丝嘴套在使用前后都必须消毒，以免造成疾病的传播。优质嘴套需要具备下列条件：不会弄伤宠物，搭扣使用方便、能快速操作，不易脱落，容易清洗。嘴套会抑制呼吸，因此，对厚毛动物或处于高温环境时，需灵活使用。当动物出现呼吸困难时要立即解除嘴套。

（三）项圈

1. 用途

将项圈戴在犬、猫的颈部，是为了防止美容时动物咬人以及自咬或自舔。

2. 类型

一般应选择坚韧而有弹性的材料来制作项圈（如塑料），而不用易折的材料（如纸板）。项圈的合适长度应比动物吻突长 2～3 cm，并使项圈的基部对着肩部向后拉。也可用市售伊丽莎白项圈（图 2-23），并按犬、猫的个体大小选择合适的项圈。

3. 说明

主要用于凶猛、咬人的犬、猫。

(四)防滑垫

1. 用途

防止美容台过滑。

2. 类型

常见的防滑垫为 PVC 或橡胶材质(图 2-24)。

图 2-23　伊丽莎白项圈

图 2-24　橡胶防滑垫

3. 说明

常用于犬、猫洗浴和浴后吹干时垫在美容台上。

(五)美容桌

1. 用途

美容桌是宠物美容过程中美容师进行宠物修剪的主要操作平台,美容时用绳圈将犬固定在美容桌上,方便美容师为犬进行美容。

2. 类型

美容桌(图 2-25)分为常用美容桌、比赛美容桌和升降美容桌 3 种。美容桌基本构造包括吊杆套装(吊杆、夹具、吊绳)、桌面(桌板、橡胶贴面、包边条)及桌腿(加强筋、把手套、桌脚)。

3. 使用方法

将犬抱到美容桌上,用绳圈套住犬的前身,不要只拴头部(图 2-26),防止犬挣扎勒紧导致窒息。正确套法为"一头一前肢",打开绳圈从头套入,将一前肢伸进绳圈,将绳圈移到腋下从犬脖颈后方收紧绳圈,绳圈长度以犬不掉落台下为宜。

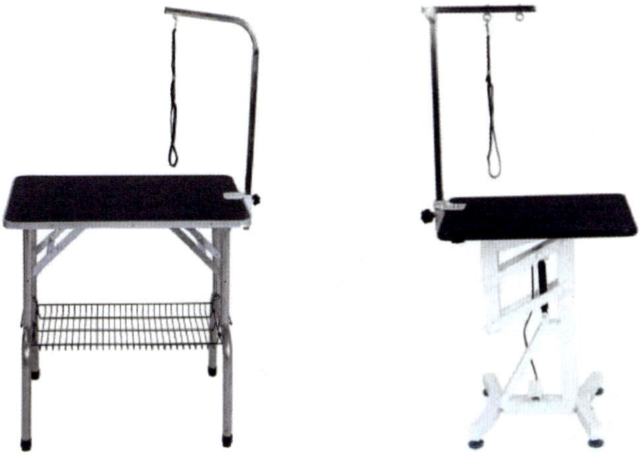

图 2-25　美容桌

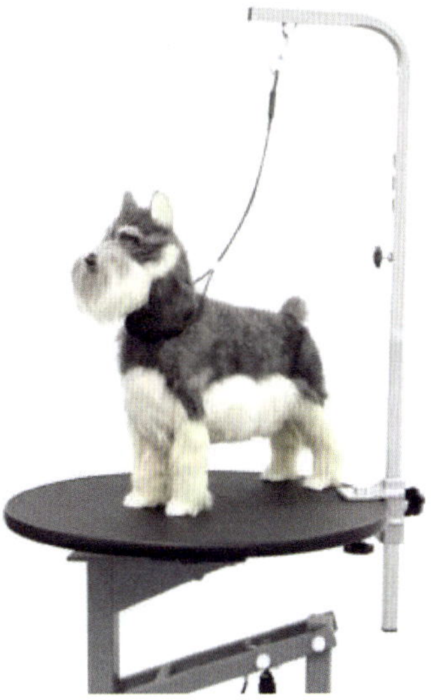

图 2-26　给犬套上绳圈

4. 说明

没有经过训练的犬不会安静地让美容师对其进行美容，因此，需要有一个保定、防滑、安全的美容桌。美容桌的高度要适合美容师的身高，便于操作；固定杆要稳固，高度可以根据犬体高进行调整；操作完成后，要及时清理桌面。

三、保定方法

操作视频
美容桌保定法

（一）犬的美容桌保定法

1. 试探

第一次接近陌生犬时要先了解犬是否具有攻击性，有恐惧心理和警戒心理的犬，要边唤犬的名字边靠近，在其视线下方，让犬嗅闻美容师的拳头背部试探犬的亲和力，使其安定、放松警惕，不要直接去抚摸和搂抱犬，以免受到伤害。

2. 抱犬

抱大型犬时，美容师要先蹲下，一只手搂着犬胸部和前肢，另一只手搂着臀部，背部保持挺直，将犬搂到胸前抱起。

对于小型犬，要将一只手放在犬前肢和胸下面，护着犬的胸部，另一只手托住后肢和臀部将犬抱起（图 2-27）。

错误方式：①在抱犬过程中，如果将犬的前肢握住抬起，犬的重量全部集中在犬前臂骨处，容易造成骨折或脱臼；②同时抱两只犬，则容易引起两只犬的争斗，或因抱不稳而脱落。这些都是错误的抱犬方法。

图 2-27 抱小型犬

3. 放置于美容桌上

选择一个合适、安全的美容桌，用正确的方法将犬抱于美容桌上。如果美容桌过滑，要用防滑垫(图 2-28)。

图 2-28 放置于美容桌上

4. 调整固定杆

为防止犬从美容桌上跳下，要根据犬体大小、高矮调整美容桌固定杆的高度(图 2-29)，并将旋钮固定紧，以防止因固定杆松动下落而砸伤犬只。

5. 固定犬只

将绳圈套过犬头部和一侧前肢，斜挎于犬的前身，调整绳圈大小至适当位置，将绳圈收紧，绳圈长度以犬不掉落美容桌为宜(图 2-30)。

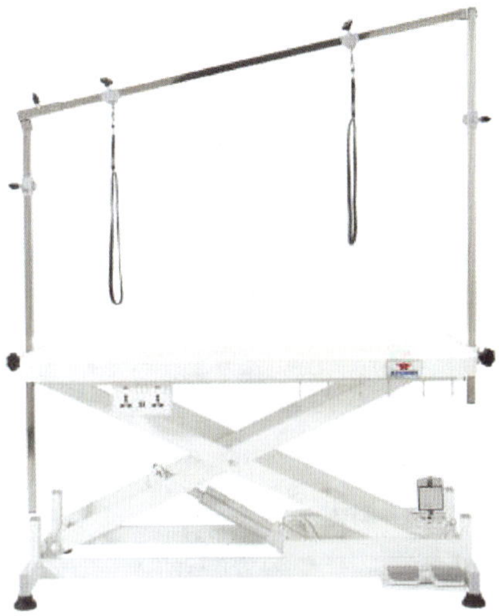

图 2-29　调整固定杆

图 2-30　固定犬只

(二)伊丽莎白项圈保定法

将伊丽莎白项圈围成圆环套在犬、猫颈部，利用上面的扣带将其固定，形成前大后小的漏斗状(图 2-31)。

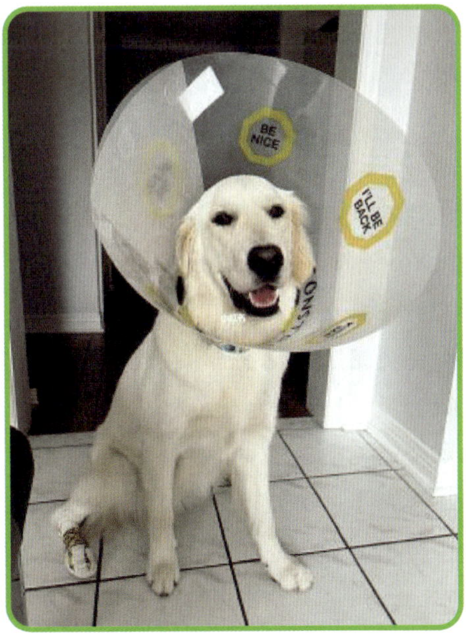

图 2-31　伊丽莎白项圈保定法

（三）徒手保定法

操作视频
徒手保定法

修剪脚底毛或修剪趾甲时常用徒手保定法（图 2-32），有反身固定和正身固定两种方式。保定时美容师与犬身体方向相反，用胳膊夹住犬肩部（大型犬直接用胳膊夹住犬的前肢或后肢），一只手抓住犬的脚部，另一只手工作，称为反身固定。与犬身体方向相同，操作方法与反身固定相似，称为正身固定。

A.正身固定

B.反身固定

图 2-32　徒手保定法

任务七　常见美容工具及设备的使用

情境导入

小金是一只金毛犬，最近因为换毛期加上主人的疏忽，毛发变得杂乱无章，打结严重，有些地方还隐藏着污垢和皮屑。小金的主人非常担心，决定带它去专业的宠物美容院做一次全面的美容护理。

在宠物美容院，美容师首先使用了一把宽齿梳，轻轻梳理小金的外层毛发，帮助它去除死毛和浮毛。接着，换上了细齿梳，对内部的毛发进行细致梳理，特别是那些容易打结和藏污纳垢的区域。通过梳理，小金的毛发逐渐变得柔顺。

在修剪过程中，美容师还使用了不同尺寸的剪刀和剃刀，对小金的耳朵、脚部和尾部的毛发进行了精细处理。同时，为了避免小金在美容过程中感到不适或紧张，美容师还使用了安抚喷雾和零食来转移它的注意力，确保整个美容过程顺利进行。

最后，美容师为小金洗了一个香波澡，选用了温和无刺激的宠物洗发水和护发素，彻底清洁了毛发中的污垢和皮屑。吹干后，小金焕然一新，毛发蓬松、柔软、有光泽，仿佛完成了一次华丽的变身。

通过这个案例，我们可以清晰地了解梳子、剪刀、剃刀、安抚喷雾和宠物洗发水等常见犬美容工具及设备在实际使用中的作用。这些工具和设备不仅帮助小金恢复了美丽的外貌，还提升了小金的生活质量和幸福感。

一、梳毛工具

微课　常见美容工具及设备的使用（上）

（一）开结刀

1. 用途

开结刀（图 2-33）用于针梳梳不开或毛结严重的毛球梳理，其锐利刃部可以快速打开毛球。

2. 类型

有刀片嵌入型和刀刃型两种，后者比较常用。刀刃型又分为单刃型和多刃型，单刃型适用于严重硬化的毛球，多刃型适用于中度缠结的毛球，或用于单刃型处理后的进一步清理操作。

图 2-33　开结刀

3. 说明

好的开结刀钢质要好，握把合手，刀头已经过钝化处理。

4. 使用方法

使用时刀刃向上，反复抽拉将毛结分开。刀刃非常锋利，呈锯齿状，插入时应避免划伤宠物。

（二）排梳

1. 用途

排梳（图 2-34）又称为美容梳，用于被毛梳理和挑松毛发，以及剪毛时配合剪刀挑毛。

2. 类型

标准梳全长 22.5 cm，针长 4.5 cm，疏密两用，适用于各种类型的毛发梳理。根据整体大小、长度和梳齿的间距，分为宽齿梳和密齿梳。

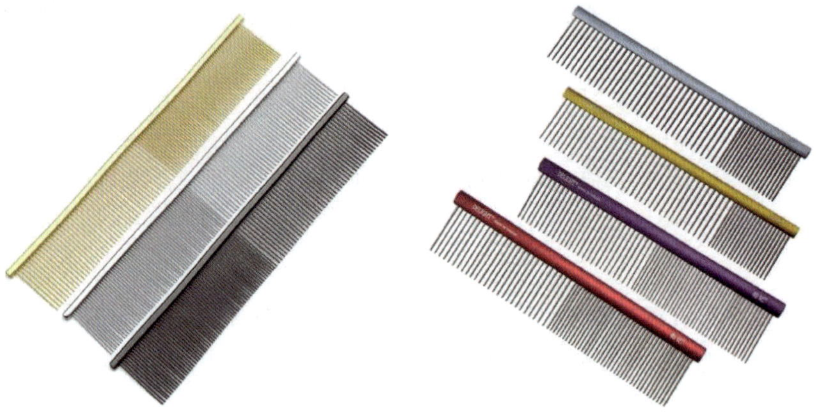

图 2-34　直排梳

3. 说明

排梳是常用的梳理工具，好的排梳材质坚硬，以金属制品为主，不易弯曲变形，防静电，疏密两边重量平均，中心点一致，针尖圆滑，不卡毛。

4. 使用方法

用拇指和食指握住梳子的一端，中指轻轻顶在梳子上，从毛根至毛尖轻挑，初步梳理时先用宽齿区，之后再用密齿区梳理，其作用是挑毛、疏通、蓬松毛发，以及辅助开结。

（三）针梳

1. 用途

针梳（图 2-35）用于打开缠结的毛发或去除死毛。

2. 类型

按尺寸有大、中、小 3 种，中尺寸为通用型；按质地分硬质和软质两种，硬质针梳胶板为红色，针硬，适用于严重打结的情况；软质针梳胶板为青色，针柔软，不易伤到皮肤，适用于被毛有少量缠结的情况。

图 2-35　针梳

3. 说明

从侧面看，针梳的梳针呈“<”形，胶板与钢针密合且有一定的弹性。

4. 使用方法

使用时，用拇指与食指轻轻握住梳柄部分，其余 3 个手指轻轻放在梳柄背面不要用力，轻轻托住即可。使用时针面与犬皮肤保持适当距离，防止划伤犬皮肤。

针面和犬皮肤保持平行(图 2-36)，不可倾斜，倾斜会刺痛犬皮肤，顺毛、逆毛均可梳理，从毛根到毛尖，层层梳、层层见皮肤，切忌贪多图快。

(四)分界梳

1. 用途

分界梳(图 2-37)一般用于在长毛犬包毛过程中做线条，如在给约克夏犬、西施犬、马尔济斯犬等犬包毛时在脊背上做线条使用。

2. 说明

一侧有齿，很密集，另一侧为握柄，握柄末端较细，容易使毛发分离。

3. 使用方法

先用握柄尖端将毛发挑起，后用有齿一端轻轻将毛发梳顺。

图 2-36　针梳的使用

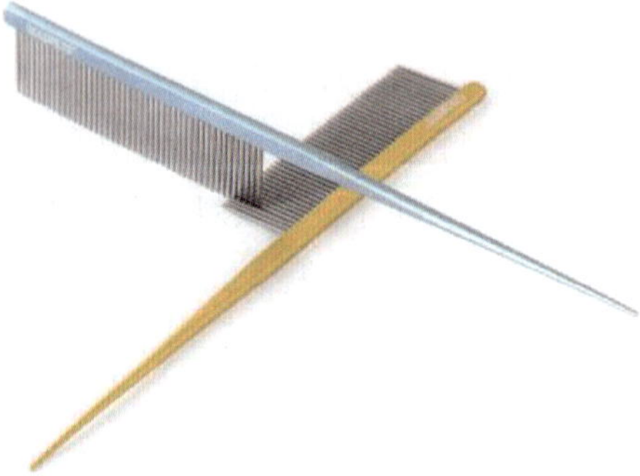

图 2-37　分界梳

(五)毛刷

1. 用途

毛刷用于快速梳理被毛,促进毛发新陈代谢,长毛犬、猫的被毛保养和短毛犬、猫皮肤按摩时都可以使用。

2. 类型

（1）金属针型　半球形胶板充满空气，梳理时针尖伸缩自如，多用于被毛需要经常护理的宠物，以及吹风干燥、打散毛发。金属针毛刷需要有弹力，松紧适度，不易缩针，针尖经过钝化处理，以木质握把为好。

（2）兽毛型　又称鬃毛刷（图 2-38），柔性好，不伤毛，适用于短毛犬皮肤按摩和长毛犬被毛上油。材料多为猪鬃。

图 2-38　鬃毛刷

（3）尼龙毛型　与兽毛型用途基本相同，价格低廉，但易产生静电，引起被毛结节，适合宠物沐浴时使用。

（4）橡胶粒型　适用于宠物沐浴时或短毛犬去除死皮时梳理被毛。

（5）手套型　用于去除底毛或给外层被毛增亮。

（六）拔毛刀

拔毛刀（图 2-39）可拔除死毛，加速毛发新陈代谢，使毛质硬化，符合㹴类犬或刚毛犬的毛质要求。它是犬类专用工具，定期使用可使犬只毛质处于最佳状态。

（七）柄梳

1. 用途

柄梳（图 2-40）的金属针较长，主要用于长毛犬、猫的梳理及被毛的日常护理，柄梳的梳齿坚固且末端经过圆形抛光打磨，可减少梳齿对健康毛发的划伤，相比排梳和针梳，柄梳更为柔和，一般好的柄梳都带有浮动按摩气囊，不伤毛，也很少使宠物掉毛。

图 2-39　拔毛刀

图 2-40　柄梳

2. 使用方法

握住柄梳手柄，从毛发根部开始沿着被毛生长方向轻轻梳，毛发浓密的可以分层梳理，保证梳毛通透。搭配排梳使用，检查毛结，梳理敏感区域，打造自然流畅的被毛。

二、耳道护理工具

(一)耳毛钳

1. 用途

耳毛钳(图 2-41)用于拔除内外耳毛、清理耳道、夹除齿缝异物及驱除体外寄生虫。

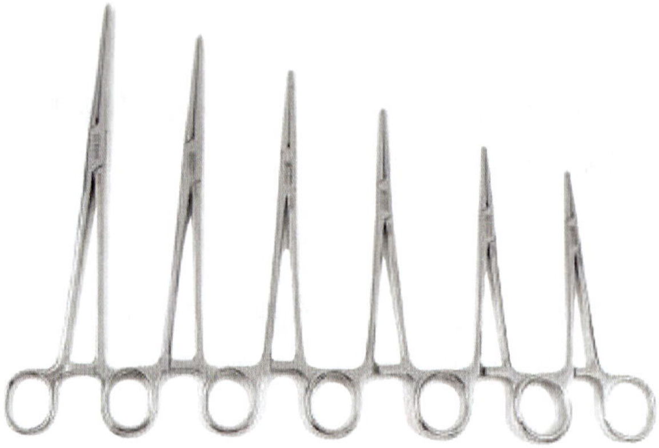

图 2-41　耳毛钳

2. 种类

按长短可分为大、中、小 3 种类型;按形状可分为直型和弯型两种类型。

3. 使用方法

清理耳毛深处时,需用耳毛钳拔毛,操作时用拇指、无名指伸入指孔,手心向上捏往根部拔起,少量多次。手心向上,便于发力,还能防止扎伤犬。使用时应注意,大型犬不宜插入太深,大型犬耳道较宽,虽然耳道呈“L”形,插入过深仍可以伤及耳膜;小型犬耳道狭窄,相对不易伤及耳膜。

(二)耳毛粉

1. 用途

美容剪耳毛粉(图 2-42)能扩张毛孔,增加摩擦,减少犬只疼痛。

2. 使用方法

耳郭处倒入少量耳毛粉,不要倒进耳道,用拇指轻揉使粉末与耳郭充分接触;捏紧耳毛根部,用耳毛钳将耳郭内耳毛拔出,少量多次。

(三)洗耳液

1. 用途

洗耳液(图 2-43)用于清除耳朵污物、耳垢及残余耳毛粉。

图 2-42　耳毛粉

图 2-43　洗耳液

2. 使用方法

根据犬耳道的大小，将适量脱脂棉缠绕在耳毛钳上，然后滴上洗耳液，执笔式握法将耳毛钳伸入耳道内轻轻擦拭、旋转，清洗耳道，直至耳道完全清洁。如果出现耳道疾病或污垢难清理时，将洗耳液直接注入耳道内，由于犬耳道结构呈“L”形，不用担心犬耳朵会有进水不适感；揉搓按压将污垢充分溶解，放开耳朵待犬自行甩出，再用缠有脱脂棉的耳毛钳清理即可。

三、趾甲修剪工具

微课　常见美容工具及设备的使用(下)

(一)趾甲钳

1. 用途

趾甲钳(图 2-44)用于宠物趾甲的修剪。

图 2-44　趾甲钳

2. 种类

(1)通用型　可用于一般家庭饲养的犬、猫。

(2)大型　可用于足爪厚硬的超大型犬、猫。

3. 说明

趾甲钳要求刀片锋利，刀口平整，刀头可更换或修磨。

4. 使用方法

修剪趾甲采用三刀法，先定长短，再去棱，最后修圆。注意不要一次性剪太短，容易导致出血。

(二)趾甲锉

趾甲锉(图 2-45)主要用于趾甲修剪后，锉圆棱角，防止宠物划伤物体。

(三)止血粉

1. 用途

止血粉(图 2-46)用于宠物趾甲伤口止血。

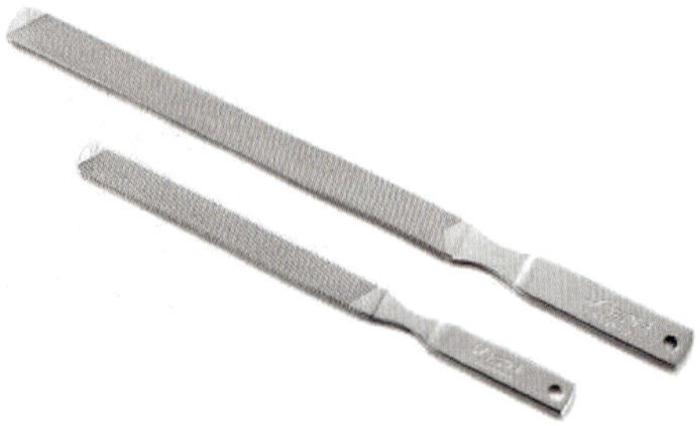

图 2-45　趾甲锉

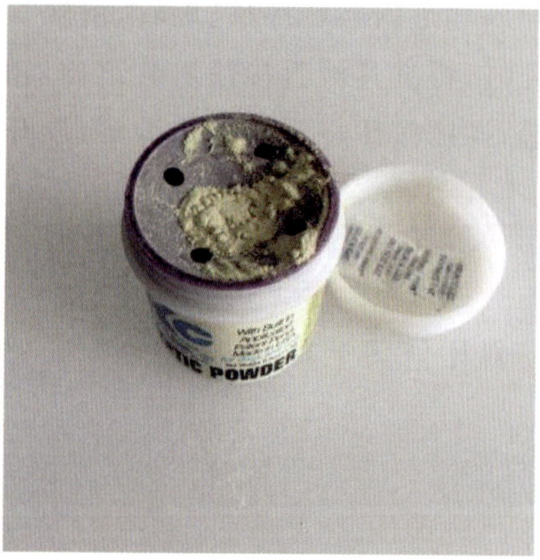

图 2-46　止血粉

2. 使用方法

将止血粉倒在伤处并按压 10 s。止血粉只可用于趾甲伤口止血，不可用于其他伤口止血，用后及时封闭，避免受潮。

四、剪毛和剃毛工具

(一)美容剪

1. 用途

美容剪用于宠物立体修剪造型和细微修饰。

2. 类型

(1)直剪　常用直剪分为以下 4 个尺寸:5 寸直剪(约 15 cm),用于头、脚、足底、腹底及肛门部位的被毛修剪。7 寸直剪(约 21 cm)及 7.5 寸直剪(约 22.5 cm),用于全身修剪(图 2-47)。8 寸直剪(约 24 cm),用于被毛浓密的大型犬只的修剪。

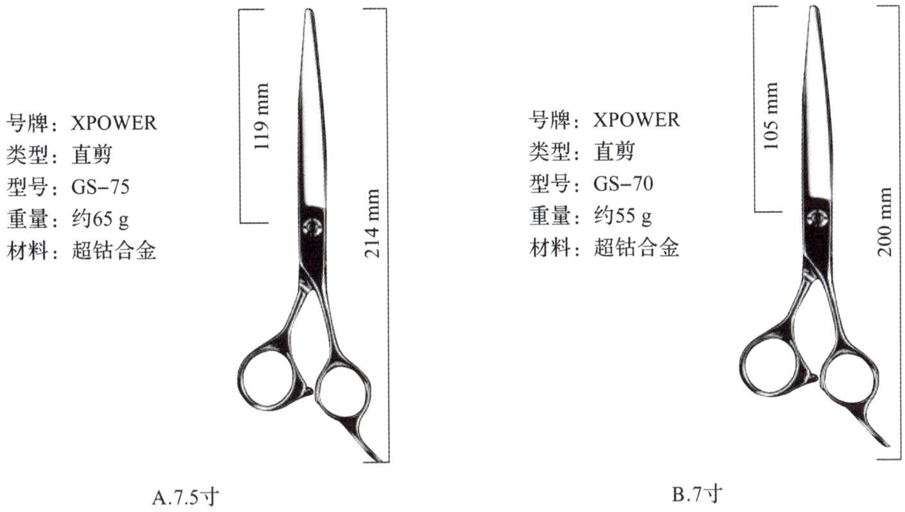

图 2-47　直剪

(2)牙剪(图 2-48)　又称打薄剪,用于剪除大量浓密被毛,且不显出参差不齐的痕迹,或在直剪修剪完、最后定型时使用,以修剪出毛发的层次感。

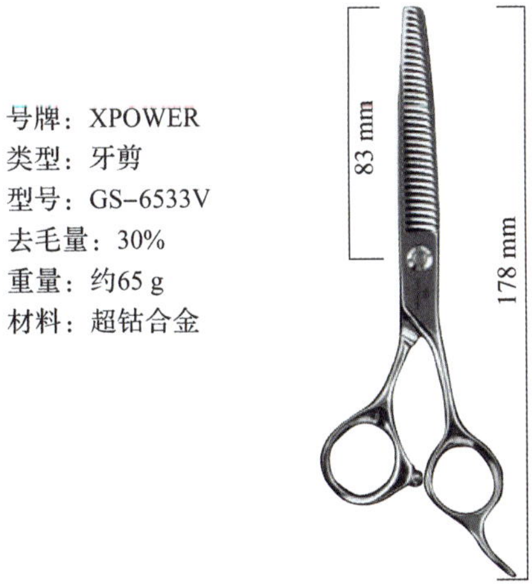

图 2-48　牙剪

(3)弯剪(图 2-49)　用于修剪有弧度的造型,适用于头、脚、臀、躯干等部位的修剪。

(4)鱼骨剪(图 2-50)　用于修剪有弧度的造型,适用于头、脚、臀、躯干等部位的修剪。去毛量比弯剪略少。

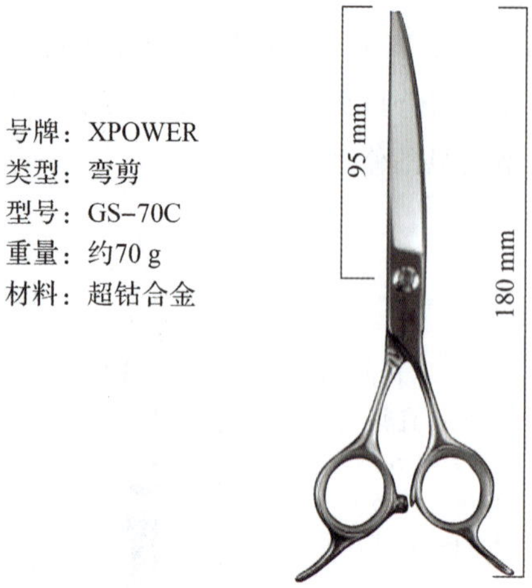

图 2-49　弯剪

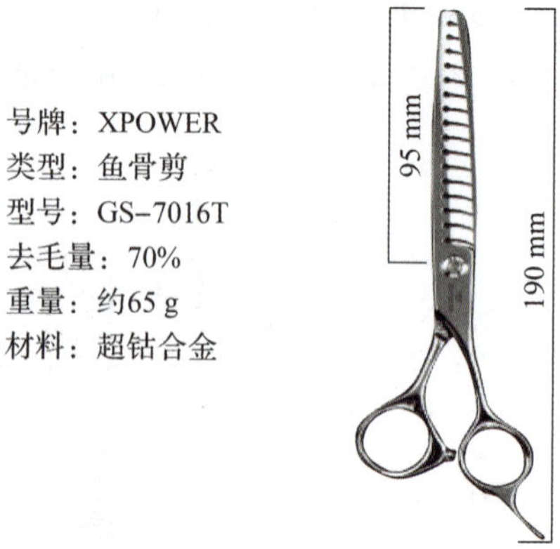

图 2-50　鱼骨剪

3. 使用方法

剪刀由静刃与动刃组成，大拇指放入动刃指环中，无名指放入静刃指环中，小拇指放在小拇指搭处，食指与中指靠在静刃处。运剪口诀：“由上至下、由左至右、由后至前，动刃在前、静刃在后，眼明手快、胆大心细。”

操作视频
运剪操作方法

4. 注意事项

保持剪刀锋利，不要用剪刀剪宠物毛发以外的物体，不要修剪脏毛；每次用完后要用清洁油清洗刀刃，防止生锈；不要将剪刀放在美容桌上，防止摔落到地上。

5. 说明

美容剪是宠物美容师最常用的工具，其中直剪的使用频率最高。由于宠物毛发质地细且疏松，直剪相比普通剪刀更为锋利，刀口缝隙也更整齐，使用时必须保证刀刃处于锋利状态。

优质的美容剪需满足这些条件：钢质优良，握起来舒适，双刃能贴合形成标准的水平线，刀尖没有锐角。

（二）电剪

1. 用途

电剪（图 2-51）能快速去除足底、腹底、肛门周围的被毛，进行初步造型。

2. 类型

专业宠物美容人员使用的电剪主要有两种类型：

（1）电磁振荡式　美式电剪，速度快，但长时间使用容易造成高温而烫手，需要配合冷却喷雾使用。

（2）马达回转式　日式电剪，运转速度稍慢，但机身较轻。

图 2-51 便携电剪

3. 使用方法

电剪的使用方法分为手握式和抓握式两种。采用手握式时，力度要适中，避免用力向下按压，需与皮肤保持一定角度，平稳滑过犬只皮肤，移动刀头时动作要缓慢、稳定。

处理皮肤敏感部位时，要随时检查刀头温度，若温度过高，需用冷却剂降温后再继续修剪。遇到皮肤褶皱处，需用手将皮肤向前或向后推展、拉平，再使用电剪，防止剃不干净或划伤皮肤。耳部皮肤薄且柔软，剃毛时要将耳朵平铺在手上，注意控制压力，避免伤及耳部边缘皮肤。

4. 运剪口诀

顺毛流，横向走，平下剪，高抬头。

5. 说明

电剪用完后应立即清理刀头，喷冷却剂，同时要注意刀头的保养。

(三)美容电剪

1. 用途

不同宠物造型修剪，根据宠物被毛长度和疏密程度以及初步造型后的造型长度选择不同型号的刀头。

2. 种类

宠物美容电剪常用的刀头有以下几种：

(1)4 号刀头(图 2-52)　9.6 mm，适合修剪冬装，用于贵宾犬、京巴犬、西施犬的身躯修剪。

(2)5 号刀头(图 2-53)　6.4 mm，适合长毛犬或卷毛犬做短型剪法的前置粗胚用。

(3)7 号刀头(图 2-54)　3.2 mm，适合修剪夏装，毛较自然，可用于犬背部修剪。

(4)10 号刀头(图 2-55)　1.5 mm，使用范围广泛，适合犬的全身及局部修整，剃胎毛。

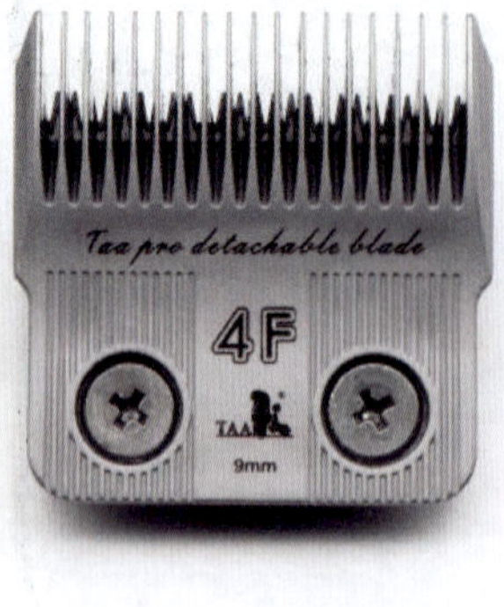

图 2-52　4 号刀头

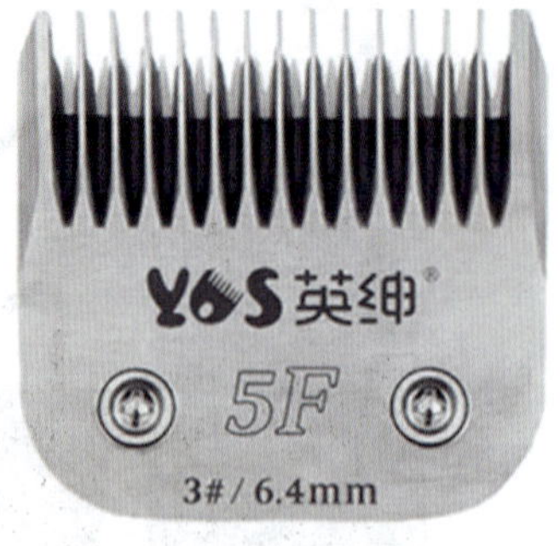

图 2-53　5 号刀头

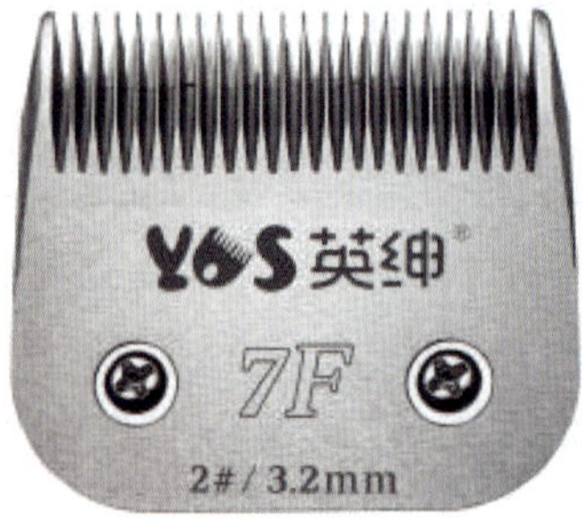

图 2-54　7 号刀头

图 2-55　10 号刀头

(5)15 号刀头(图 2-56)　1 mm,用于犬耳部的修剪及贵宾犬的面部、脚底毛的修剪。

图 2-56　15 号刀头

(6)30 号刀头(图 2-57)　0.5 mm。

(7)40 号刀头(图 2-58)　0.25 mm。

图 2-57　30 号刀头

图 2-58　40 号刀头

3. 说明

刀头的型号越大,则留下的被毛越短。逆毛剃和顺毛剃所留被毛长度不同。使用时应根据具体情况选择。

五、洗浴工具

(一)香波

1. 香波类型

香波(图 2-59)常见类型如下:

(1)通用香波　不同种类犬只均可使用。

图 2-59　常见香波

(2)无泪香波　成分相对温和,刺激性小。

(3)药物香波　具有抗真菌和止痒功效。

(4)低敏感度香波　适合于皮肤敏感的犬。

(5)颜色增强香波　含亮度调节剂,使宠物被毛原来的颜色加强。

(6)蓬松香波　能使犬只皮毛变得柔软、蓬松。

2. 使用方法

使用时先用稀释瓶进行稀释,稀释的目的是便于冲洗、节省香波。若直接使用原液很难清洗干净,易残留原液。

(二)护毛素

护毛素(图 2-60)用于改善宠物毛发健康状态、提升毛发美观度的专业护理产品。

图 2-60　护毛素

(三)吸水毛巾

专为宠物清洁后快速干燥毛发、日常擦拭护理而设计的功能性毛巾(图 2-61)。

图 2-61　吸水毛巾

（四）吹水机

1. 用途

快速吹掉宠物被毛表面水分和下层绒毛的水分，加快被毛干燥速度，极大地提高工作效率。

2. 种类

根据温度和风速的不同可分为变频吹水机和不变频吹水机；根据放置方式的不同，可分为台式（图 2-62）、立式（图 2-63）和挂壁式（图 2-64）3 种。此外，还有将吹水和吸毛两项功能合为一体的吹吸一体机（图 2-65）。

A.单马达　　B.双马达

图 2-62　台式吹水机

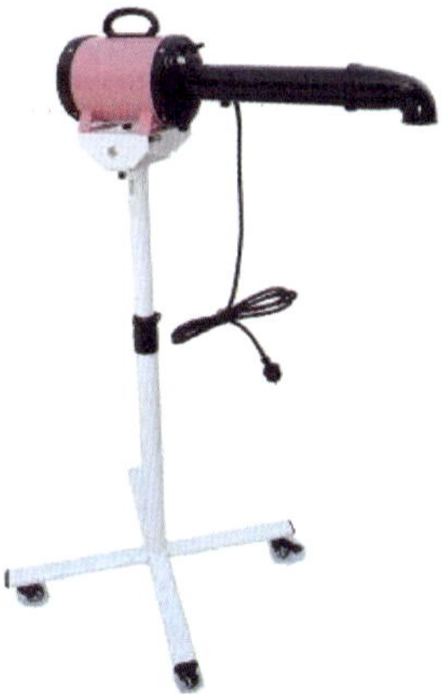

图 2-63　立式吹水机

图 2-64　挂壁式吹水机

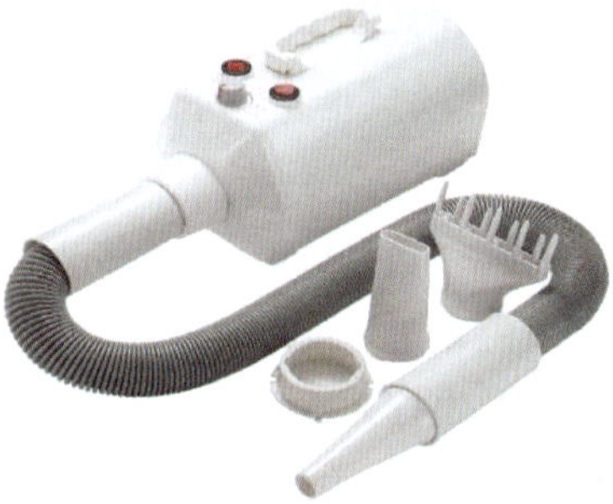

图 2-65　吹吸一体机

3. 使用方法

使用时先打开电源开关，再打开风量开关，调节风量大小，根据需要调节热量大小。出风口垂直皮肤，越近越好，要吹干毛根，整体吹至七成干，便于拉毛。吹水机使用完，先关热量开关，再关风量开关，防止电阻丝过热而烧坏。定期清理及清洗吹水机上阻挡灰尘与毛发的过滤网，以免影响风力及使用效果。

操作视频
吹水机使用方法

4. 使用注意事项

保持进风口畅通，不得有障碍物阻隔，以防烧坏机体。风量开关未打开前，不得打开加热开关。定期清理进风口网，保持进风口清洁通畅。进风口应远离水源，以防吹水机内进水。风量开关打开后，未有风吹出时，应检查电源是否连接好。

操作视频 吹水机的安装

操作视频 吹水机的拆卸

操作视频 吹水机的开关

5. 说明

吹水机出口具有极高的风速。可将宠物底层绒毛内的水迅速打散吹飞，且带有辅助加热功能，能够极大限度地缩短被毛的干燥时间。尤其适用于洗完澡不需修剪造型的犬。

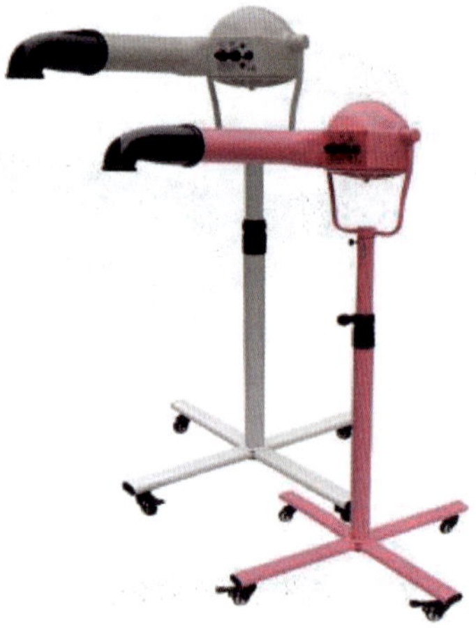

图 2-66　立式吹风机

(五)吹风机

1. 用途

宠物被毛干燥、整理。

2. 种类

(1)立式吹风机　有滑轮脚架可四处移动(图 2-66)，出风口可 360°旋转，中等价格，使用最广泛。

(2)台式吹风机　置于工作台上，可以随时调整位置，价格低廉，但占用操作空间，较少使用。

(3)挂壁式吹风机　有可移动的悬臂(高低 45°、左右 180°可调)，最节省空间，但价格昂贵。

3. 使用方法

使用时先打开电源开关，再开风力开关，防止电阻丝过热而烧坏。吹风机使用完后，先关热量开关。

4. 说明

吹风机有耐用的电机节，热量和风量可以调节，出风口上、下、左、右可调，进风口较容易清理。

操作视频 吹风机的使用方法

(六)烘干机

1. 用途

烘干宠物被毛。

2. 类型

不锈钢材质，有不同尺寸。按功能可分为只具有烘干功能的烘干机和附带洗澡功能的烘干机（图 2-67）。另外，不同厂家还附加了一些不同的辅助功能，如定时功能、自动控温功能等。

图 2-67 烘干机

3. 说明

宠物烘干机是宠物美容店必备的美容工具之一，此设备易于清洁消毒，防刮抗震。

4. 使用注意事项

依毛量及体形控制使用时间。发情期母犬不可与任何公犬同箱烘干。老年犬及紧张型犬、猫不可使用，应改用手吹。因为老年犬易休克，紧张型犬和猫容易在箱内跳跃、冲撞而受伤。及时清理机器，防止意外发生。烘干箱内温度一般在 40℃以下最为适宜。

六、美容工具保养

（一）电剪刀头

使用时要注重保养，每次用完后需彻底清理，涂上润滑油，并做好周期性保养。使用过程中要避免刀头过热，可拆下后自然冷却或用冷却剂降温。使用冷却剂时，拆下刀头，正反两面均匀喷洒，几秒钟即可降温，同时还能去除黏附的细小毛发和残留的润滑油。

（二）剪刀

剪刀禁止打空剪，也不能用于剪宠物毛发以外的物品。使用后要进行清洁、消毒和防锈处理。

(三)吹水机、吹风机

使用时,先开风量控制开关,再开热量控制开关;关闭时,先关热量控制开关,再关风量控制开关。要定期清洁机器后部的过滤网,可用水洗或强风吹的方式,清洁后需晾干,再重新安装。保持机器干燥清洁,用轻软的布擦拭表面,且必须使用中性溶剂,防止损坏油漆表面。如有其他专业问题可联系维修人员处理。

(四)吸水毛巾

吸水毛巾用后应将其消毒漂洗干净,折叠好放在盒子里,要保持湿润。

操作视频
电剪的保养

操作视频
剪刀的保养

操作视频
吹水机的保养

课后知识巩固

一、选择题

1. 下列哪种梳子最适合用于打开大型犬只的粗结和打结毛发?(　　)

A. 细齿梳　　B. 宽齿梳

C. 针梳　　D. 钢刷

2. 使用细齿梳时,应特别注意(　　)。

A. 加大力度快速梳理　　B. 逆向梳毛以彻底清洁

C. 轻柔操作,避免拉扯毛发　　D. 直接用于湿毛

二、填空题

1. 针梳通常用于__________犬种,能够有效刷去死毛及污渍,使毛发更加柔顺。

2. 在使用__________时,需要确保刷齿长度能够穿过毛层到达皮肤,但操作时需顺着毛发的生长方向进行。

三、简答题

1. 简述在犬美容过程中选择和使用梳子时应考虑的主要因素。

2. 简述针梳和排梳在犬美容中的区别及适用场景。

思政小天地——中国古诗词中的“汪星人”

赠刘蓝田

唐·王维

篱间犬迎吠，出屋候荆扉。
岁晏输井税，山村人夜归。
晚田始家食，余布成我衣。
讵肯无公事，烦君问是非。

赏析：篱笆内家犬在对人狂吠，诗人走出屋倚着柴扉等候着刘蓝田的到来。年末了村里的农夫们却还要奔赴城里缴纳田租，奔波劳碌到深夜时分方才归来。仅剩下那些晚收的庄稼留给自家食用，缴纳后剩余的残缺布料就是新的衣裳了。怎么会没有繁忙的公务，只是想请眼前的好友说说个中是非。

这是一首替赋税压身的农民向当权者控诉疾苦的诗篇，是对朴实的乡村生活的真实写照。在这首诗中诗人对穷苦农人带有深厚的同情之心，聆听他们的心声，这与诗人半官半隐的境遇相符；且与末句“烦君问是非”对应。刘蓝田是与诗人要好的官场之人，末句的话语是委婉的控诉，并未直接点明赋税之重，却也是更深层次的讽谏。

王维，唐代诗人，字摩诘，祖籍山西，随其父迁居蒲州（今山西永济），遂为河东人。开元（唐玄宗年号，公元713—741年）进士。累官至给事中。安禄山叛军陷长安时曾受职，乱平后，降为太子中允。后官至尚书右丞，故亦称王右丞。晚年居蓝田辋川，过着半官半隐的优游生活。诗与孟浩然齐名，并称“王孟”。前期写过一些边塞题材的诗篇，但其作品最主要的则为山水诗，通过对田园山水的描绘，宣扬隐士生活和佛教禅理；体物精细，描写传神，有独特成就。

项目三　宠物的基础护理技术

◆ 项目描述

本项目内容包括宠物犬常见的皮肤病及其防治以及犬的被毛护理、局部护理和洗浴清理技术，为宠物健康护理员、宠物美容师助理必须掌握的相关知识。

通过本项目的学习，学生能够了解犬常见皮肤病的防治及护理方法，掌握被毛、趾甲、眼睛、耳朵、口腔等部位护理技术和洗浴技术，能为犬提供全方位的护理服务，起到日常健康护理保健和疾病期护理辅助治疗等作用。

通过本项目的学习，学生能掌握宠物犬眼睛、耳朵、趾甲、牙齿结构基础知识，以及犬眼睛、耳朵、趾甲、口腔护理工具及设备的使用方法。

◆ 学习目标

知识目标：

1. 了解犬眼睛、耳朵、趾甲、口腔护理的意义。
2. 掌握犬被毛、皮肤特点。

能力目标：

1. 正确使用犬眼睛、耳朵、趾甲、口腔护理工具，能独立对犬进行眼睛、耳朵、趾甲、口腔检查和护理。
2. 掌握犬各种皮肤病的病因、症状、诊断方法及防治要点。

素质目标：

1. 养成按时对工具、设备进行保养、消毒的良好习惯。
2. 养成严谨的职业素养及良好的职业规范。

任务一　犬常见的皮肤病及其防治

情境导入

2024年3月1日，一位路人捡到一只流浪的比熊犬，这只比熊犬看上去有些脏，路人便把它送到附近某宠物医院美容部洗澡。工作人员在进行洗澡前的皮毛状况常规检查时，发现该犬左侧肘关节周围及左耳有部分脱毛、皮肤红肿、有抓挠痕迹，犬显得有些烦躁不安，不时挠耳朵，啃咬患处。工作人员怀疑该犬有皮肤病，建议转至诊疗部就诊。诊疗部宠物医生对该犬两处患处采样，都进行了伍德灯检查和刮皮检查，发现该犬耳部有疥螨寄生，肘部皮肤有真菌感染。医生开具杀螨和抗真菌药物，连续用药2周，基本好转。对于这个病例，请各位同学思考一下：

1. 宠物的皮肤结构与人类有何不同？日常护理应注意什么？

2. 本病例中，是螨虫和真菌引起了皮肤病，宠物皮肤病还可能由哪些病因引起？宠物的皮肤病应如何诊断和防治？

一、犬被毛、皮肤特点

微课　犬被毛、皮肤特点

（一）犬的皮肤结构与功能

1. 从结构上看

犬的皮肤主要由表皮、真皮和皮下组织三部分组成。表皮是皮肤的外层，由角质层、透明层、颗粒层、棘细胞层和基底层组成。其中，角质层是皮肤的最外层，具有防止水分流失和抵御外界有害物质侵入的作用。真皮位于表皮之下，含有血管、神经、毛囊、汗腺等结构，为皮肤提供营养和支持。皮下组织则位于真皮之下，主要由脂肪和结缔组织构成，起到保温和缓冲的作用。

2. 从功能上看

犬的皮肤具有多种生理功能：

（1）屏障功能　皮肤是犬身体的第一道防线，能够有效地防止外界微生物、化学物质和物理性刺激侵入体内，保护机体免受伤害。

（2）调节体温　皮肤通过调节毛囊、血液循环和汗腺的分泌等方式，帮助犬维持体温的恒定。

(3)感觉功能　皮肤具有丰富的神经末梢,能够感知触觉、痛觉、痒觉和冷热等刺激,使犬能够感知外界环境的变化并做出相应的反应。

(4)合成与代谢功能　皮肤能够合成维生素 D,参与物质代谢,维持机体的正常生理功能。

(5)免疫与修复功能　皮肤是免疫系统的重要组成部分,能够抵御微生物感染,同时具有自我修复的能力,在受到损伤后能够逐渐恢复愈合。

此外,犬的皮肤状况还可以反映其整体健康状况。例如,皮肤出现红肿、瘙痒、脱毛等症状时,可能提示犬患有皮肤病或过敏等问题。因此,定期观察犬的皮肤状况,及时发现并处理皮肤问题,对于维护犬的健康至关重要。

(二)犬的被毛特点

1. 长毛型

这种类型的被毛长且浓密,如阿富汗猎犬和马尔济斯犬等。长毛型被毛给人一种温暖、优雅的感觉,但日常需要进行护理和美容。它不仅能保持犬只的体温,还能起到保护皮肤的作用。然而,毛发较长,容易打结和滋生细菌,因此需要定期梳理、清洁和修剪。

2. 短毛型

短毛犬的被毛短而粗糙,紧贴皮肤,如沙皮犬、拳师犬等。这类被毛通常比较容易打理,但在换毛期也会有一定量的被毛脱落,也要定期梳理与清洗。

3. 丝毛型

这种毛发质地丝滑、柔软。如阿富汗猎犬、骑士查理王猎犬和约克夏犬,需要更精心的梳理与护理,并定期修剪被毛。

4. 刚毛型

这类犬有较硬、浓密的表层毛发和稍软的底层毛发,如西部高地白㹴、刚毛猎狐㹴等。在特殊情况下这类毛发需要手工拔毛和修剪来维持其质地和颜色。

5。双层毛型

这种类型的被毛在较长的上层毛发之下还有一层浓密柔软的绒毛,如德国牧羊犬、苏格兰牧羊犬等。双层毛型犬在美容时并不需要太多的修饰,只需要将脱落的下层毛发梳理掉即可,但要经常梳理开结,尤其是换毛期。

6. 无毛型

这是一种较为特殊的被毛类型,如中国冠毛犬和墨西哥无毛犬。它们的被毛非常稀少或几乎没有,给人一种裸露的感觉。这类犬种的皮肤通常较为敏感,需要特殊的护理和保养。

除了上述几种主要的被毛类型外,还有一些其他的类型,如卷毛型、平滑型等。每一种被毛类型都有其独特的美学价值和护理需求,应为其提供合理的护理和美容。同时,犬毛的长度和质地也会随自身健康与外部环境的变化而有所改变,因此,宠物主人需要根据环境变化来调整护理和美容方案。

(三)毛的生成和形态

犬的被毛分主毛和副毛,也称上毛和下毛。上毛较硬,主要负责保护皮肤;下毛柔软,主要负责调节温度。一个毛囊里生成的毛发,有主毛和副毛之分。犬的毛发由三组不规则的部分组成,定形的毛束由一根稍粗的主毛和数根副毛组成(图 3-1)。毛发的健康生长与汗腺和皮脂腺的关系很大。小汗腺只存在于四爪内侧的小肉球中,温度高时通过足底排汗的方式降低体温。大汗腺是从尾根部至背线,这个部位的汗腺分泌物非常多,容易引起炎症和过敏反应。皮脂腺则起到滋润皮毛的作用。

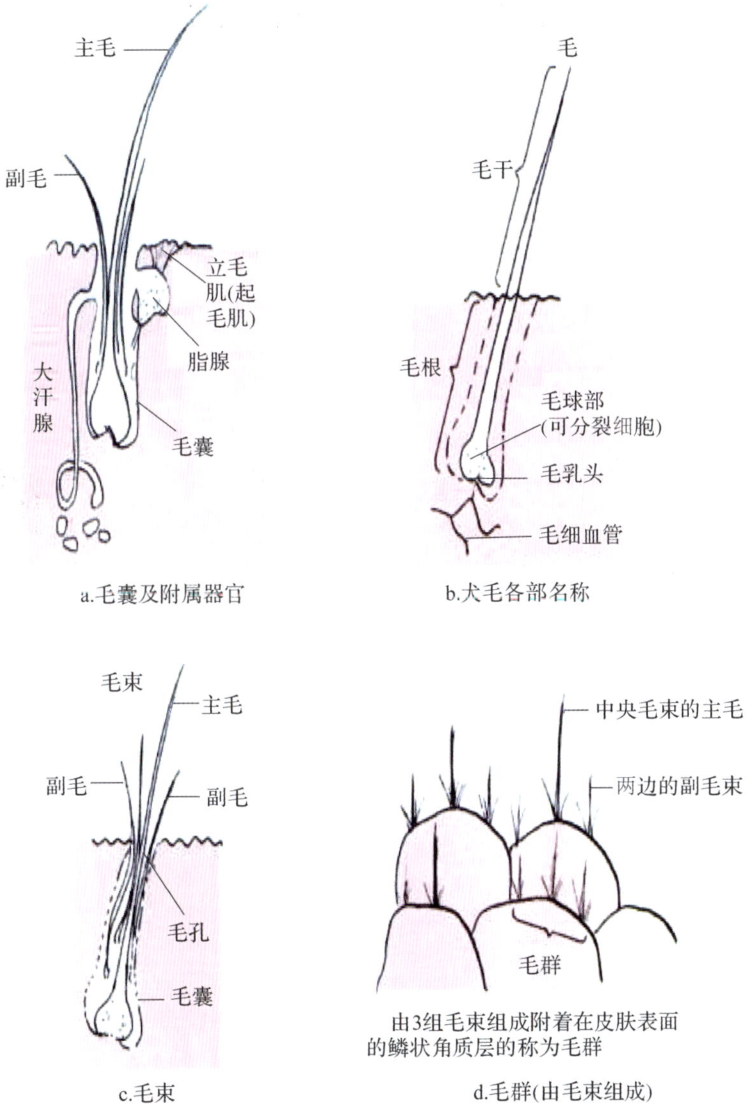

图 3-1　被毛的组成

毛根是从皮肤的斜面中长出来的,生成的角度由毛囊的角度决定。此外在不同的身体部位生成毛的角度也是有差异的(图 3-2)。狸犬类的毛囊角度与皮肤的倾斜角为 20°,被毛与皮肤面呈钝角。在身体的各连接部如颈侧、前胸、肘、下胸、骨盆等处易长出杂乱的毛涡。毛发生长速度和皮肤的血液循环有关。温暖的季节，血液循环通畅，毛发生长加快。营养和毛的生成也有关，营养好，毛的生成率就高；反之，毛的生成率就低。妊娠母犬营养不足的话，其仔犬的毛囊将发育不全，且被毛细软无力。

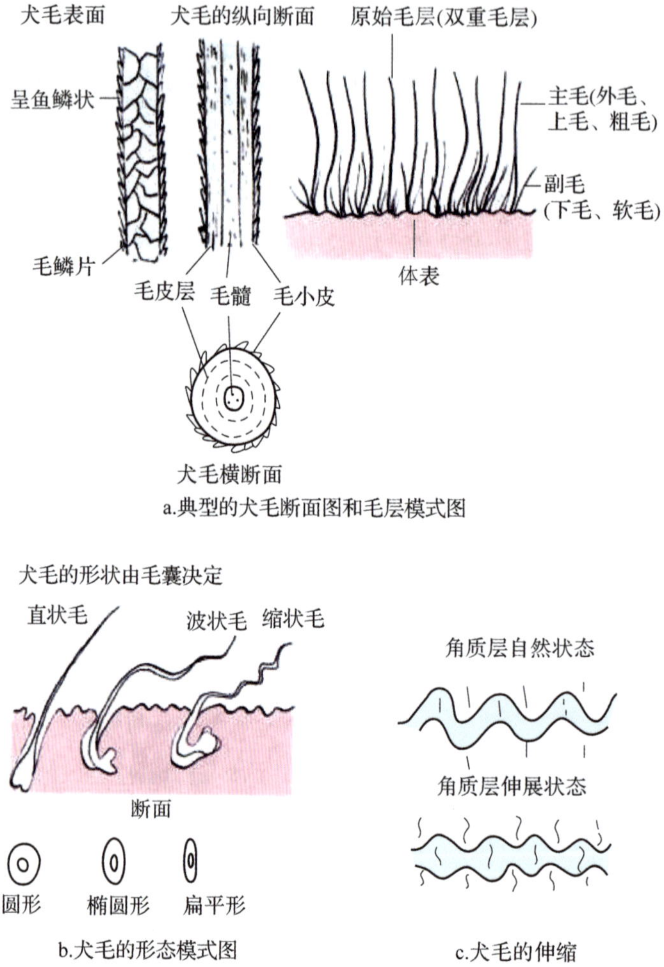

图 3-2　被毛的形态

(四)换毛

犬出生 3 个月后，胎毛逐渐脱落，形成毛发。被毛每天都在新陈代谢，随着季节的变化，犬有时会大量脱毛。犬的换毛有周期性，春秋两季为换毛期。被毛是在毛囊的生长期发育生成的，在毛囊处于休止期时被毛也停止生长。换毛时首先从毛囊处脱离毛根，在下一个生长周期时会长出新毛(图 3-3)，也可将废毛拔掉；上毛不像下毛那样周期性地脱换，可随时拔除。犬种不同，换毛的方式也各不相同，短毛犬种要比长毛犬种变化快。毛的脱换与荷尔蒙分泌有关，另外，如日照、紫外线等的刺激也会促进生成新毛。

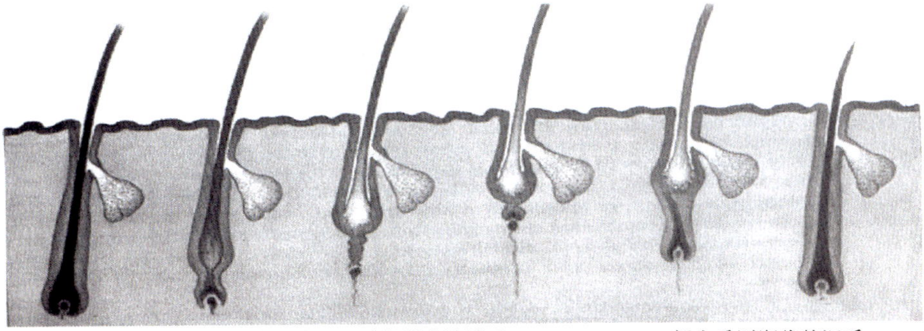

图 3-3　被毛的生长周期

二、犬寄生虫性皮肤病

犬寄生虫性皮肤病是由体外寄生虫或体内寄生虫感染犬引起的皮肤疾病，犬易感的体外寄生虫有蜱虫、跳蚤、虱子和螨虫，体内寄生虫有钩虫、犬恶丝虫等。

（一）犬蜱虫感染

蜱虫是一种不完全变态的动物，成虫寄生于动物体表，喜吸食血液，多生活在森林、草地、农田等，特别是春夏季节，温暖湿润的环境中较多。蜱虫呈红褐色或灰褐色，长卵圆形，背腹扁平，一般有小米粒大小，吸食血液后有黄豆大小，甚至指甲盖大小，如图 3-4 所示。

图 3-4　蜱虫成虫

1. 症状及诊断

犬在户外草丛中散步时，可被蜱虫叮咬感染。大多数犬被蜱虫叮咬后，被吸血部位会有疼痛、急性炎症反应，表现不安、轻度震颤、步态不稳、无力和跛行，叮咬严重的还可引起麻痹症或瘫痪，甚至呼吸困难、酸中毒而死亡。部分犬被蜱虫感染后没有明显的症状，但长期丢失血液，犬会有贫血症状，如黏膜苍白、无力、易疲劳、消瘦等。

本病没有特殊的诊断方法，根据有野外草丛运动史，犬有跛行、麻痹、贫血等表现，并在犬体表找到蜱虫即可确诊。有时主人在给犬梳理被毛或洗澡时，摸到皮肤上附有结节样硬物，剥离下来发现是蜱虫，即可早期诊断。

2. 防治及护理

（1）定期驱虫防护　犬一般每隔 1～3 个月做一次驱虫，特别是春夏季节，经常去草地活动的犬，应每月使用体外驱虫药预防。

(2)保持体表清洁　经常检查犬体表卫生，梳理被毛，定期洗澡，每次外出运动后，特别是去过草地后，应检查犬体表皮毛，防止被蜱虫叮咬。

(3)保持环境卫生　家庭应定期打扫卫生，清理犬舍前后及庭院杂草，犬舍应向阳干燥，避免蜱虫栖身。家庭周围有草坪的，应定期使用杀虫剂治理环境，特别是春季和仲夏，适当使用杀虫剂喷洒草坪，可有效减少蜱虫的感染。

(4)及时治疗　治疗方法是清除体表蜱虫、对症治疗、环境消毒。

①清除体表蜱虫。蜱虫是将头部倒插入皮肤，咬破血管吸血，取蜱虫时应避免扭动蜱虫头颈部，防止把蜱虫头部扭断，留在皮肤内，引起感染和过敏。如果少量蜱虫感染，可在蜱虫身上涂抹乙醇、乙醚等药物，使虫头放松，再用镊子夹取蜱虫，垂直于皮肤方向小心取出。如果是大量蜱虫感染，可使用专用杀蜱药物喷洒患处，使蜱虫自行脱落。取下蜱虫后用碘伏或乙醇处理叮咬处。

②对症治疗。轻微感染、早期治疗的犬，主要症状是伤口疼痛、急性炎症反应，对症治疗主要是消炎、止痛、抗过敏。感染期长或严重感染的犬，可发生贫血，还需要补血，增强营养。感染后发生呼吸肌麻痹、酸中毒的犬，应吸氧、调节酸碱平衡。

③环境消毒。犬感染期间所去过的家庭环境都应进行消毒灭蜱工作。蜱虫是媒介生物，也会叮咬人类，通过叮咬，可传播病毒、细菌、寄生虫等病原体，家里有犬被蜱虫感染后，一定要及时进行大面积的环境消毒，避免人感染或犬的再次感染。

(二)犬虱子感染

虱子属昆虫纲虱目，寄生于哺乳动物和鸟类体表。虱子体形较小，无翅，背腹扁平，有善于钩住毛发的足。如图 3-5 所示。虱子为渐变态发育，生活史中有卵、若虫和成虫三期，均寄生于同一宿主体表，是一种永久性体外寄生虫，食用宿主血液、毛发、皮屑等。虱子卵为白色，又称虮子，黏附于毛发或纤维上，肉眼可见。虱子在秋冬季节繁殖旺盛，易引起犬感染。

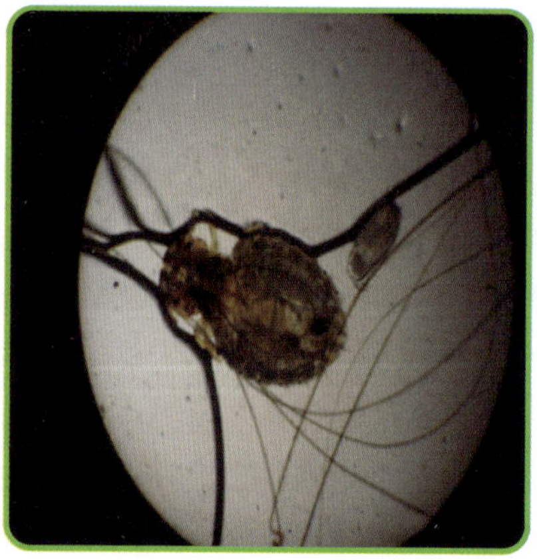

图 3-5　虱子成虫及卵

1. 症状及诊断

犬感染虱子后，虱子在其体表吸血并分泌毒素，引起皮肤剧烈瘙痒，犬表现为不安、抓挠患处，严重影响进食和休息。患犬搔抓皮肤，一旦皮肤破溃，可继发细菌感染，形成脓疮，甚至出现脱毛、掉毛等症状。长期感染，犬丢失大量血液，可出现虚弱无力、贫血等症状。因虱子是永久性体外寄生虫，有成虫就会有卵。所以虱子感染，除了瘙痒，最典型的症状就是有白色的虮子附着在被毛上。

本病没有特殊的诊断方法，根据犬有不安、抓挠患处、贫血、皮毛上有白色虮子，可初步诊断有虱子感染；拨开被毛或用密齿梳梳理被毛，发现虱子，即可确诊。

2. 防治及护理

（1）定期驱虫防护　健康犬应定期使用广谱体外驱虫药预防虱子感染，特别是秋冬季节。平时避免与被虱子感染的犬接触。

（2）保持体表清洁　经常梳理被毛，检查被毛上有无白色虫卵，定期洗澡，保持体表清洁卫生。

（3）保持环境卫生　做好家庭环境卫生打扫，特别是犬舍卫生。犬舍应保持干燥、向阳，犬舍内垫料或犬窝应定期清洁、晾晒，减少虱子滋生。

（4）及时治疗　治疗方法是清除体表虱子、环境消杀、对症治疗。

①清除体表虱子。可用驱虫药消除患犬体表若虫和成虫，2 周后再用一次，消灭从卵中新孵化出的若虫，同时对接触的犬进行治疗。临床上用有机磷香波药浴，效果也好。

②环境消杀。虱子终生寄生在同一宿主体表，犬感染后，不会引起家庭环境到处有虱子，一般只有犬窝或犬舍有虱子，因此要清洁、晾晒犬窝和犬舍垫料，做好环境消杀。用有机磷类药物消杀环境时，应注意犬的安全，避免犬有机磷中毒。

③对症治疗。犬虱子感染，因瘙痒抓挠引起皮炎的，可采用抗菌消炎、抗过敏药物治疗；因长期丢失血液，引起贫血、消瘦的，可补血、增加营养。

（三）犬跳蚤感染

跳蚤是昆虫纲蚤目完全变态类节肢动物，是小型、无翅、善跳跃的寄生性昆虫。犬栉首蚤是跳蚤的一种，可寄生于犬、猫和人体表，通常感染犬和野生犬科动物。犬栉首蚤个体小，一般在 2 mm 左右，足发达，跳跃能力强，呈左右扁平状，腹部较大，胸部较小，头呈三角形状，口器由 3 个成束状口针构成，可穿刺宿主皮肤，吸取组织液或血液。如图 3-6 所示。

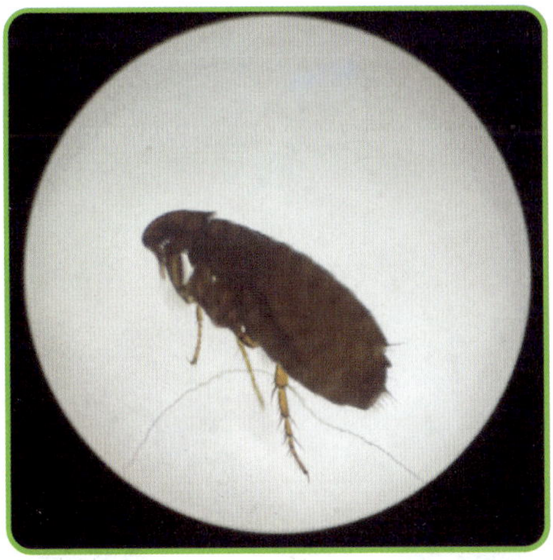

图 3-6　跳蚤

1. 症状及诊断

跳蚤主要寄生于犬被毛密集的地方，如头部、颈部、背部、尾根部等区域，较严重的遍布全身。跳蚤叮咬皮肤吸血，并分泌毒素，可引起皮肤剧烈瘙痒，犬烦躁不安，搔抓、啃咬患处，出现皮肤红肿、脱皮屑、结痂或溃烂，可继发细菌、真菌或病毒感染。被跳蚤长期寄生的患犬，因长期瘙痒，采食量下降，睡眠不足，可出现精神萎靡不振，明显消瘦，毛色粗糙、暗淡，被毛脱落易折断等症状；因长期丢失血液，可出现贫血、营养不良、无力、易疲劳、消瘦等症状。跳蚤成虫的排泄物比较多，呈黑色小颗粒或黑胡椒般的粉末状，附着在犬被毛或掉落在环境中。

临床上根据犬瘙痒难忍，不断抓挠和啃咬皮肤，被毛上有黑色小颗粒或黑胡椒般的粉末状附着物，可初步怀疑有跳蚤感染；拨开被毛，肉眼观察到跳蚤爬行或跳动，即可确诊。

在观察到犬被毛上有黑色小颗粒或黑胡椒般的粉末状附着物，但没有找到跳蚤的情况下，可梳理被毛，将梳理下来的黑色颗粒放在潮湿的白纸上，如果潮湿白纸被染红，可确诊是跳蚤感染，因为跳蚤粪便含有可溶的血色素，这就是跳蚤粪便湿纸试验。

2. 防治及护理

（1）定期驱虫防护　健康犬应定期使用广谱体外驱虫药预防跳蚤感染，也可日常佩戴驱蚤项圈。平时避免与被跳蚤感染的犬接触。

（2）保持体表清洁　经常梳理被毛，检查被毛上有无黑色附着物，定期洗澡。日常洗护可用有驱蚤功能的香波。

（3）保持环境卫生　家庭应定期打扫卫生，保持家庭环境及犬体表卫生是预防跳蚤皮肤病的关键。家里墙角、砖缝、杂物堆积处要经常清洁，保持干燥；要及时清理被粪便和尿液污染的区域。

（4）及时治疗　治疗方法是清除体表跳蚤、环境消杀、对症治疗。

①清除体表跳蚤。可使用驱虫药杀死患犬体表跳蚤成虫，同时对接触的犬进行治疗，治疗期佩戴驱蚤项圈。

②环境消杀。跳蚤成虫在大部分时间都附着在宠物身体上，但是跳蚤卵、幼虫和蛹却大量存在于家居环境里，比如地毯、脚垫、靠垫、犬窝和花园的草地等，如果不处理家居环境，是绝对不能成功消灭跳蚤的。家里一旦有跳蚤，一定要及时全面打扫卫生，喷洒灭蚤药物。环境中跳蚤卵和蛹不容易被杀死，可用吸尘器打扫，并及时丢弃吸尘器里的垃圾袋。早期，卫生清洁和药物消杀应每周1～2次，连续1～2个月后，可每隔1～2个月消杀一次，但卫生清洁应日常坚持。

③对症治疗。已患有蚤性皮肤病的犬，可抗菌消炎、抗过敏；贫血、消瘦的犬，可补血，增加营养。

（四）犬蠕形螨病

犬蠕形螨是犬皮肤中的常见寄生虫，一般不引起临床症状，当其在局部过度繁殖时，犬就会出现皮肤病变，引起犬蠕形螨病。诱导蠕形螨生长过度的病因可能有营养不良、免疫抑制性药物治疗、应激等。蠕形螨个体长，形似蠕虫，半透明，乳白色，肉眼不可见，需在显微镜下观察，如图3-7所示。

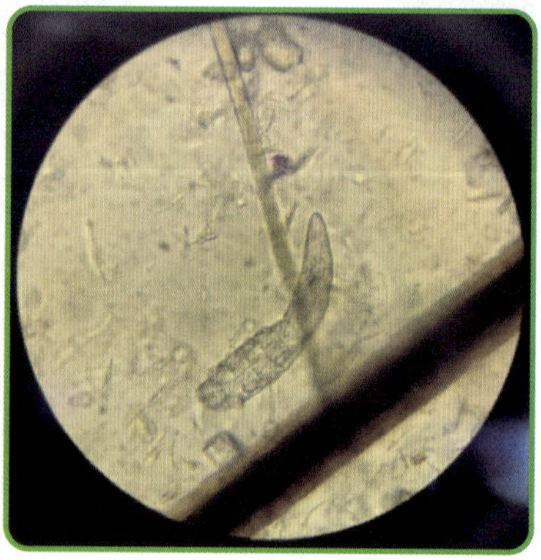

图3-7　蠕形螨

1. 症状及诊断

犬蠕形螨局部感染，多寄生在犬的眼、耳、唇周围以及前腿内侧无毛处的毛囊中，很少寄生在皮脂腺中，形成与周围界限分明的红斑、丘疹。感染初期，患部脱毛，皮肤潮红、增厚、变皱，表面出现银白色黏性的糠麸样鳞屑；感染后期，皮肤变成淡蓝色或红铜色，继发细菌、真菌感染后，发展为毛囊炎、脓皮病等。犬蠕形螨全身感染，病变可出现在身体的任何部位，常出现斑片性、多灶性或弥散性脱毛，伴有各种红斑、丘疹、银灰色皮屑或瘙痒，感染皮肤可出现苔藓化、色素沉着、脓疱、结痂、糜烂或溃疡。爪部蠕形螨感染，临床较为常见，可出现趾间瘙痒、红斑、脱毛、色素沉着、苔藓化、鳞屑、皮肤增厚、结痂和脓疱等症状。如图 3-8、图 3-9 所示。

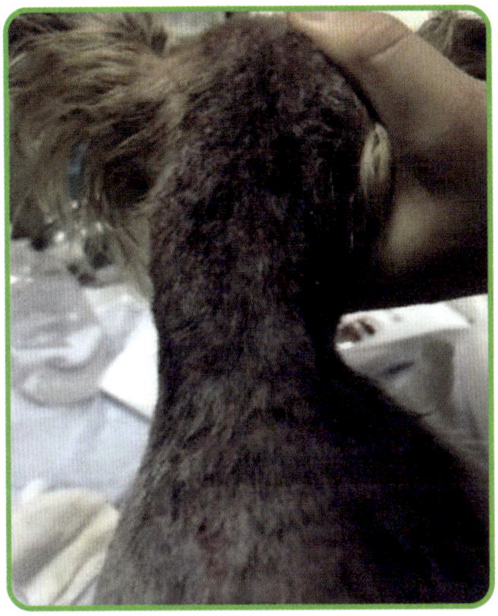

图 3-8　犬蠕形螨背颈部感染

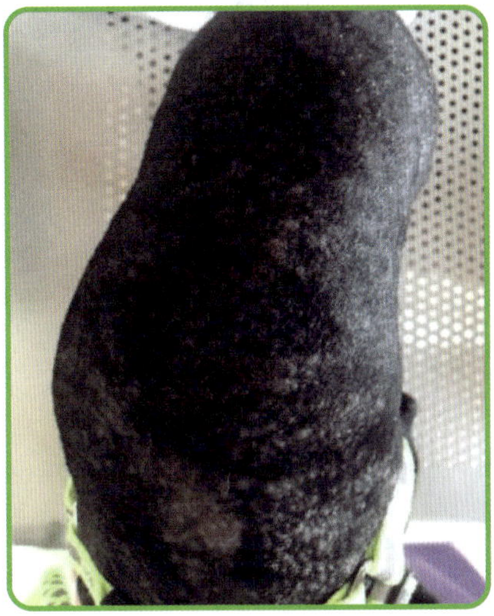

图 3-9　蠕形螨全身性感染

临床上，犬皮肤上有数量不等、与周围界限分明的红斑、红疹、皮褶、脓皮等典型症状时，可深度刮皮、拔毛或用透明胶带粘片采样，置显微镜下观察，发现蠕形螨的成虫、若虫、幼虫或卵，都可确诊。

2. 防治及护理

(1)预防护理　加强卫生管理，被毛科学洗护，给犬提供干燥、舒适的环境，定期消毒；避免与患病动物直接接触，防止传染；均衡营养，增强犬的抵抗力，避免应激；定期驱虫。

(2)及时治疗　治疗原则：杀螨、消炎、增强免疫力。

①杀螨。常用的药物有双甲脒、伊维菌素等。中、长毛的犬全身剃毛，每 3～7 d 使用含 2.5%～3%过氧苯甲酰的香波洗浴，再用双甲脒溶液兑水药浴治疗，药浴时应注意避开犬口鼻，避免中毒。对双甲脒毒性敏感，或者主要为面部感染的犬，应使用其他杀螨药物。伊维菌素可口服或注射给药，是一种广谱抗寄生虫药，但柯利犬禁用此药。

②消炎。继发脓皮病的犬，可使用抗生素长期治疗。

③增强免疫力。提供营养均衡的饮食，并为犬提供适当的护理，如保持皮肤清洁、干燥和舒适。

(五)犬疥螨病

犬疥螨病是由表皮内掘洞的犬疥螨引起，又称癞皮病，是一种顽固性、接触性、传染性皮肤病，感染犬表现为剧痒、结痂、脱毛和皮肤增厚等临床特征。犬疥螨虫体呈龟形，背部隆起、腹部扁平、微黄白色，肉眼不可见，需在显微镜下观察，如图 3-10 所示。

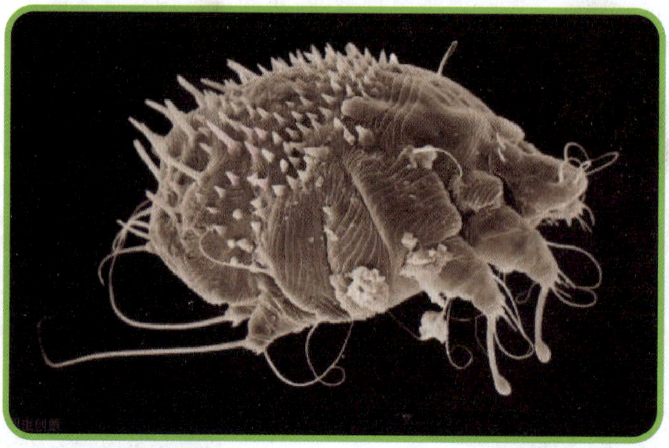

图 3-10　疥螨成虫

1. 症状及诊断

犬疥螨感染呈无季节性的剧烈瘙痒，对类固醇皮质激素治疗反应差，病变包括丘疹、脱毛、红斑、结痂和表皮脱落。感染早期，稀毛区皮肤发病，如肘头、跗关节、耳缘，以及腹部和胸部腹侧，逐渐可能波及全身，但躯干背侧病变较少。由于长期瘙痒，犬终日不停啃咬、搔抓、摩擦患部，致使其烦躁不安，影响休息和正常进食，临床可见病犬脱毛、日渐消瘦、营养不良，重者可导致死亡。

临床上，犬皮肤剧烈瘙痒、红斑、结痂、脱毛等，特别是稀毛区较为严重时，可在患病部位与健康部位交界处刮皮采样，置于载玻片上，再滴加 50%的甘油溶液，加上盖玻片，置显微镜下观察，发现疥螨的成虫、若虫、幼虫或卵，都可确诊，如图 3-11 所示。这种方法检出率不高，常会出现假阴性。

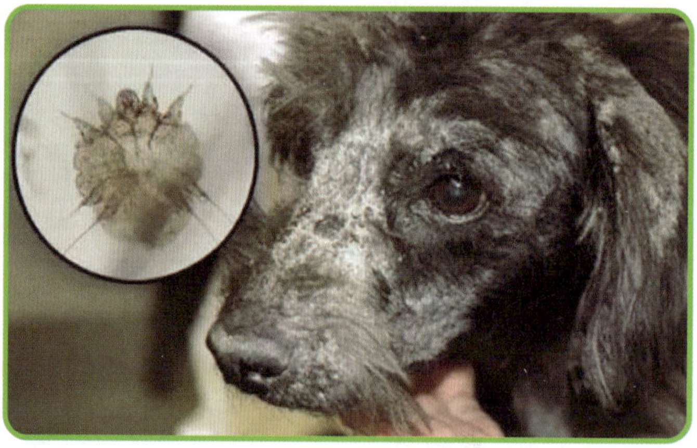

图 3-11　犬疥螨病

临床上还有一种检查方法——耳-足反射检查，即用拇指和食指摩擦耳缘，患有疥螨病犬可出现搔抓反应，这种检查方法准确性较高。

2. 防治及护理

（1）预防护理　加强饲养管理，被毛科学洗护，定期驱虫；健康犬应避免与患病动物直接接触，防止传染。

（2）及时治疗

①将患部被毛剪掉，对患部清洗、消毒，全身使用抗菌、止痒功能的香波药浴。

②使用伊维菌素、石硫合剂、双甲脒等药物驱杀疥螨，但注意犬种和使用剂量，避免中毒。

③增强食物营养，恢复皮肤，增强机体抵抗力。

④应用适当的抗生素长期全身治疗继发脓皮症，在症状痊愈后至少再持续用药 1 周。

（六）犬姬螯螨病

犬姬螯螨病是一种由姬螯螨引起的皮肤病，其在皮肤表面采食，引起轻度非化脓性、可传染的皮炎，也被称为“移动的皮屑”。姬螯螨以组织液为食，它的生活史全部都在宿主身上完成。感染姬螯螨病的犬并不常见。

1. 症状及诊断

犬姬螯螨病的症状表现差异很大，瘙痒的程度不一，任何品种的犬都有可能受到感染。犬背部、臀部、头部和鼻上有黄灰色的鳞片，犬运动时掉下。幼年犬通常病情较为严重，最主要的症状是背正中线上鳞屑过多，被毛有轻微的油脂样外观。成年犬有可能成为无症状携带者。

临床上，犬有过多的皮屑，使被毛呈现粉末状或粗粉状外观，特别是在背正中线附近时，可分开被毛，将皮屑梳到黑纸上，观察皮屑是否移动（实际上是姬螯螨在移动），也可以浅刮皮屑或用透明胶带粘取皮屑，置显微镜下观察，检出姬螯螨成虫、若虫、幼虫或卵，都可以确诊，如图 3-12 所示。

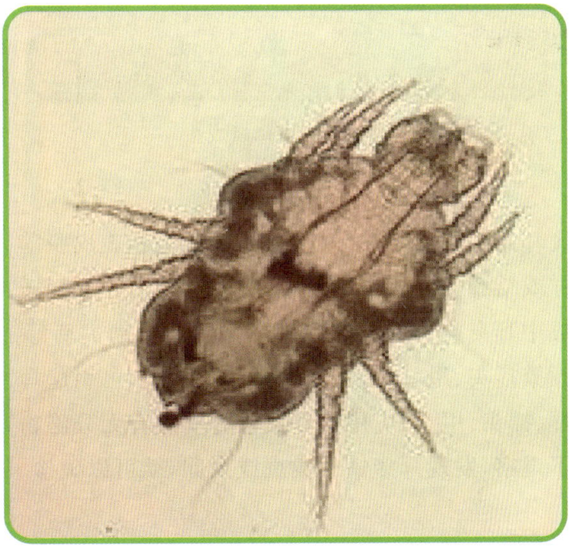

图 3-12　姬螯螨成虫

2. 防治及护理

(1)预防护理　加强卫生管理，被毛科学洗护，定期驱虫，环境定期消毒；健康犬应避免与患病动物在同一空间内，姬螯螨有高度接触传染性，可在猫、犬、兔和人之间相互传染。

(2)及时治疗

①使用伊维菌素、石硫合剂、双甲脒、除虫菊酯等杀虫药杀螨。注意使用犬种和剂量，防止中毒。

②对所有感染和接触的动物(犬、猫、兔)都应每周治疗一次，持续 6～8 周。

③应对环境清洁并使用杀虫剂处理。

(七)犬耳痒螨病

犬耳痒螨病，是耳痒螨寄生在犬皮肤表面和耳道内的一种体外寄生虫病，临床以耳道分泌物增加、耳道及耳周剧烈瘙痒为主要特征。耳痒螨多数情况下寄生于犬耳道，少数情况下也会出现在头部、颈部和尾部，虫体呈椭圆形，足体突出，虫体前端突出一短圆锥形的刺吸型口器，如图 3-13 所示。

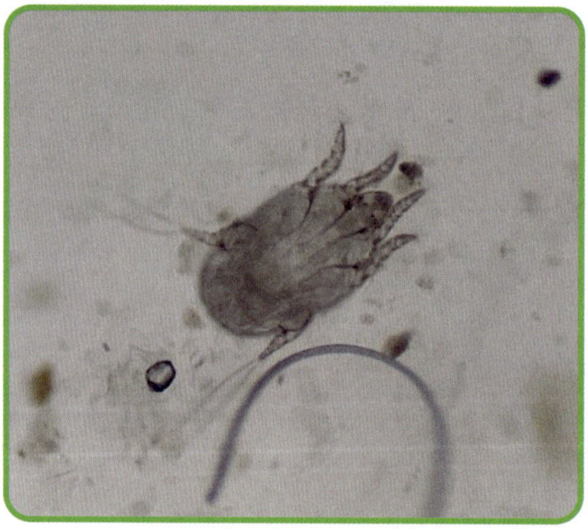

图 3-13　耳痒螨成虫

1. 症状及诊断

犬感染耳痒螨后，犬耳通常剧烈瘙痒，耳部和头部脱毛和表皮脱落，耳道内耳脂分泌增加，淋巴液外溢，可形成蜡样或结痂样分泌物。由于剧烈瘙痒，犬自我挠抓，损伤耳道及周边皮肤，可继发细菌感染，可造成中耳炎或内耳炎，产生听力受损、行动失衡等症状，重者可继发脑炎。由于剧烈瘙痒，犬还会频繁摇头、甩耳，特别是大耳和长耳犬，可引起耳血肿。

临床上，犬频繁抓耳、摇头、甩耳，应用检耳镜检查耳道有无分泌物，如有大量耳垢，可用棉签采集耳垢，置显微镜下观察，发现耳痒螨的成虫或虫卵，就可以确诊了。

2. 防治及护理

(1)预防护理

①加强饲养管理，保持环境卫生，定期对犬舍内垫料、用具和周围环境进行清洁和消毒。

②保持犬耳道清洁，定期用洗耳液洗耳，洗耳后不要用棉签掏耳道。

③避免与患病犬接触。

(2)及时治疗

①清洁耳道。先清洁外耳道，再用温和的洗耳液清洗耳道。

②滴入药物。向洗净的耳内滴注杀耳螨的药物，合并细菌感染的，可增加抗生素。

(八)犬钩虫性皮炎

钩虫是一种人兽共患的肠道寄生虫，可通过皮肤接触传染或食入被钩虫卵污染的食物或水传染。钩虫性皮炎是指钩虫幼虫经皮肤侵入并致敏，使侵入部位出现皮肤炎症反应。

1. 症状及诊断

钩虫幼虫经皮肤进入机体，可引起病变部位出现红斑、脱毛和皮肤增厚，中度至严重瘙痒，感染犬爪部常肿胀、发热且疼痛，趾间皮肤出现丘疹。本病通过粪便检查，发现钩虫卵，即可确诊。

2. 防治及护理

定期使用体内驱虫药预防驱虫，一旦感染，应及时使用驱虫药治疗，并同时治疗其接触的所有动物，包括人类。

三、犬真菌性皮肤病

犬真菌性皮肤病是指真菌侵染犬浅层皮肤、毛发角化区和趾甲的疾病，是一种人兽共患病。主要病原菌是犬小孢子菌、须毛癣菌和石膏样小孢子菌，其中犬小孢子菌感染率最高。另外，马拉色菌、念珠菌等动物体表或黏膜的常见真菌，在过度繁殖时也会引发真菌性皮肤病。

(一)犬皮肤癣菌病

犬皮肤癣菌病是指由癣菌感染犬被毛、爪、皮肤角质层等角质结构而引起的一种传染性皮肤病。幼龄犬、免疫力低下和长毛的犬发病率最高。该病是由真菌引起的一种慢性、接触性传染病，也是一种常见的人兽共患病。患病犬通常感染面积大，病程长，不易痊愈，容易复发。患真菌性皮肤病的犬在康复后，对同种真菌病原菌具有一定的抵抗力，一般在相当长的时间内不再感染。

1. 病因

皮肤癣菌包括犬小孢子菌、石膏样小孢子菌和须毛癣菌 3 种病原。皮肤癣菌喜欢温暖潮湿的环境，但也耐寒，在 0 ℃以下可以存活数月。犬皮肤癣菌主要通过直接接触病犬，或间接接触被病犬污染的刷子、梳子、剪刀、垫料等传播，也可经患有皮肤癣菌病的人传播。在养犬数量较多且较密集的情况下，也可通过空气传播。体外寄生虫也是传播途径之一。早期皮肤癣菌只是简单地黏附于皮肤或被毛之上，与其他真菌、细菌及寄生虫共存于体表，当皮肤有伤口、机体免疫机能降低或使用免疫抑制剂时，癣菌可侵入表皮造成感染。

2. 症状

皮肤病变可为局限性、多灶性或全身性的。如有瘙痒，常为轻度或中度，偶有剧烈瘙痒。病变常为圆形、不规则形或全身性脱毛，伴随不同程度的皮屑。残留的毛呈现毛茬或断裂的状态。犬的其他症状为红斑、丘疹、结痂、皮脂溢出，以及单趾或多趾发生甲沟炎或趾甲变形。犬皮肤的其他临床表现包括面部毛囊炎和疖病，躯干部皮肤结节。

3. 诊断

（1）伍德灯照射检查　伍德灯开灯预热 5 min，在暗视野下照射病犬患处，若出现苹果绿荧光或黄绿色荧光，则为犬小孢子菌感染，但应注意，也有犬小孢子菌感染，而伍德灯照射并不显示荧光的情况。石膏样小孢子菌感染少见荧光，须发毛癣菌感染无荧光。犬患处残留的外用药或洗浴产品可能会造成假阳性。此方法仅适用于犬皮肤癣菌病的早期辅助诊断，准确率不高，容易造成误诊或漏诊。

（2）拔毛显微镜检查　用夹子、镊子或止血钳紧贴患处皮肤夹住 10～20 根毛发，快速沿毛发生长方向整个拔出毛根，向同一方向置于滴有矿物油的载玻片上，盖上盖玻片，置于显微镜下观察毛发情况。皮肤癣菌病犬的毛干含有真菌菌丝，毛干正常结构遭到破坏，似朽木。

（3）刮片/粘片显微镜检查　取患处皮屑，可用刀片刮取或用透明胶带纸粘取，固定、染色后放显微镜下检查，见到真菌的孢子或菌丝可初步确诊。

（4）真菌培养　取病变部位的皮屑、被毛，用真菌培养基培养，可以鉴定真菌种类。

4. 治疗及护理

（1）如果是局部病变，病变周围应广泛剪毛，并外用抗真菌药物，每 12 h 一次，直到病变消退。

（2）如果局部治疗反应不佳，应对动物按照全身性皮肤癣菌病进行治疗。

（3）对于全身性感染，可内服抗真菌药，外用抗真菌洗剂或浸剂，每周 1～2 次（至少 4～6 周），直到真菌培养结果呈阴性。使用含有氯己定和咪康唑（或酮康唑）的香波给犬药浴效果较好。

（4）所有被感染的动物，包括无症状的携带者，都应鉴定并治疗。对接触过但未被感染的犬进行预防性治疗。

（5）应彻底清洁环境，移除所有污染物品，并用消毒剂消毒。

（6）加强饲养管理，预防皮肤癣菌病。保持饲养环境清洁干燥、阳光充足、通风良好；营养充分，注意维生素的补充；定期给犬洗澡、驱虫，避免接触病犬。

（二）犬马拉色菌病

犬马拉色菌病是犬的一种常见皮肤病，常发于耳部、颈腹侧、腋下、腹股沟、腿、爪部及肛周，以脱毛、下腭粉刺、红斑、脂溢性皮炎以及瘙痒为特征。

1. 病因

马拉色菌是具有厚壁的单细胞酵母菌，正常时少量存在于外耳道、口周和肛周区域，以及潮湿的皮褶内。当犬发生对该菌的超敏反应，或该菌在皮肤上过度生长时，就会发生皮肤病，引起皮肤瘙痒和炎症。该病的潜在诱导因素有长期使用皮质类固醇治疗、长期使用抗生素治疗、异位性皮炎、食物过敏、内分泌病、代谢病等。

2. 症状

中度或严重瘙痒，伴有区域性或全身性脱毛、表皮脱落、红斑和脂溢性皮炎。慢性病变的皮肤可能发生苔藓化、色素过度沉着和过度角化(皮革样或大象样皮肤)。常散发难闻的体臭。病变可能涉及趾间、颈腹侧、腋下、会阴部。可能出现甲沟炎，伴有褐色的甲床分泌物。常并发酵母菌性外耳炎。

3. 诊断

本病主要通过细胞学检查，刮取犬受损部位组织，也可用透明胶带法采取样品，或用棉签取耳道分泌物，用吉姆萨染色后放于显微镜下检查，若检出大量卵圆形、圆形、圆筒形的马拉色菌，部分形态类似“花生”状的酵母菌，即可确诊。如图 3-14 所示。

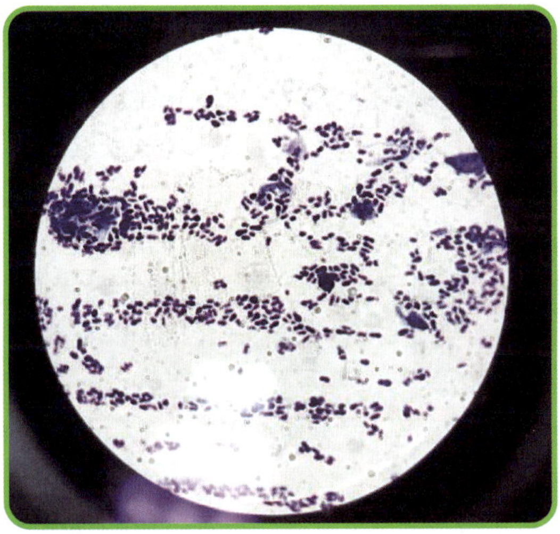

图 3-14　显微镜下的马拉色菌

4. 治疗及护理

(1)必须鉴定和纠正所有潜在病因，如过敏、内分泌病、角化缺陷等。

(2)对较轻的病例，可用含抗真菌药物药浴，每周 1～2 次。

(3)对于中度或重度病例的治疗，可口服抗真菌药，如伊曲康唑，每 24 h 一次。并配合使用含抗真菌药物的药浴治疗。

(4)如果能鉴定并纠正潜在病因，那么预后良好。否则，为防止疾病复发，应坚持药浴预防。

(5)耳道马拉色菌病，应清洗耳道，清理耳道分泌物，滴入抗真菌耳药。

(6)加强犬皮毛护理，定期清洁洗澡，增强营养，适当运动，提高犬机体抵抗力。

四、犬细菌性皮肤病

犬细菌性皮肤病是指由细菌感染及细菌毒素侵袭犬皮肤导致的病变，临床表现为发病部位的红、肿、热、痛、化脓。细菌性皮肤病在宠物临床常见，多继发于其他皮肤病，如外寄生虫感染、过敏、真菌感染等。细菌性皮肤病包括脓性创伤性皮炎、脓疱病、脓皮病、皮褶炎等多种疾病，其中脓皮病是犬最常见的细菌性皮肤病之一，而脓皮病又分为病变在浅表、基底膜没有被破坏的浅表脓皮病和病变在深部、基底膜已经受到破坏的深部脓皮病。

(一)脓皮病

1. 病因

动物的皮肤表面存在着大量的细菌，而这些细菌能够很好地适应角质层和毛囊的微环境。非病理条件下这些正常菌群有利于机体的皮肤免疫。

假中间型葡萄球菌、金黄色葡萄球菌和施氏葡萄球菌是犬脓皮病的主要病原菌，其中假中间型葡萄球菌最常见。很多健康犬皮肤上有少量的这些细菌，一般存在于肛门、鼻腔、生殖道、口腔等黏膜处，动物通过舔舐这些部位，将细菌带到皮肤上，当机体免疫力下降时，如皮肤出现发炎、瘙痒、过敏等，这些细菌会大量繁殖，形成感染。皮肤发炎能够促进表皮的增殖和脱落，其表面形成温暖湿润的微环境，从而促进细菌的增殖；皮肤瘙痒抓挠可导致自我损伤、表皮脱落，降低了表皮的防御功能，皮肤渗漏出的血清给细菌的生长提供了丰富的营养；皮肤过敏使皮肤通透性增加，能够促进细菌抗原进入皮肤，这是犬脓皮病最常见的病因之一。

2. 症状

浅表脓皮病是毛囊及其附近表皮的浅表细菌感染，过敏和内分泌病是其最常见的潜在病因。浅表脓皮病的病变呈局灶性、多灶性或全身性，表现为丘疹、脓疱、皮屑、表皮环和周围组织的红斑、脱毛，病灶中心可能有色素过度沉着。感染早期，因被毛的遮挡，病变不明显；随着病情加重，长毛犬常表现为被毛干枯、打结、无光泽，有皮屑或过度脱毛；短毛犬常表现为多处小片状脱毛斑，被毛呈小撮样竖立，白色被毛可能变成红褐色。瘙痒程度不一，从无瘙痒到剧烈瘙痒。继发于内分泌病的细菌感染可引起瘙痒。如图 3-15 所示。

深部脓皮病是表皮或毛囊的细菌感染破坏了毛囊，形成疖和蜂窝织炎。本病一般继发于慢性浅表性皮肤疾病。深部脓皮病表现为局灶性、多灶性或全身性皮肤病变，以丘疹、脓疱、蜂窝织炎、组织脱色、脱毛、出血性大疱、糜烂、溃疡、结痂以及形成浆液性至化脓性瘘管为特征。最常发生在躯干和受到压迫的部位，但身体任何部位均可发生。常见淋巴结增大。如果动物发生败血症，也有发热、厌食和精神沉郁等症状，如治疗不及时可导致病犬死亡。如图 3-16 所示。

图 3-15　犬浅表脓皮病

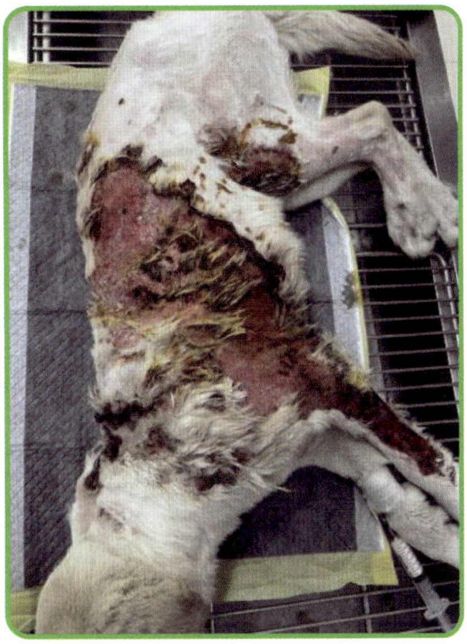

图 3-16　犬深部脓皮病

3. 诊断

（1）排除其他病因，如体外寄生虫感染、真菌感染、过敏、内分泌病等。

（2）细胞学（渗出物压片）检查：浅表脓皮病可见中性粒细胞和球菌；深部脓皮病可见脓性或肉芽肿性炎症，有球菌或杆菌。

（3）若难以找到病灶内的细菌，可做细菌培养，主要病原菌为葡萄球菌，但偶可分离到假单胞菌。

4. 治疗及护理

（1）去除潜在病因，如抗过敏、驱虫等。

（2）全身应用抗生素（至少用 3～8 周），待临床症状完全消除和细胞学检查呈阴性后，再用药 1～2 周。如在抗生素治疗期间病变未完全消退，或抗生素治疗无效，提示病原对抗生素有耐药性，应进行细菌培养和药敏试验，同时可考虑使用两种不同类型的抗生素联合用药。

（3）用含有洗必泰（氯己定）或过氧苯甲酰的香波，每 2～7 d 药浴一次，有助于病情好转，深部脓皮病应提高药浴的频率（可每天洗浴）。

（4）如果停用抗生素后一周内复发，说明治疗期短，应再用较长时间的抗生素，还需努力查找并控制潜在疾病。

（5）加强临床护理，发病期间应与其他动物隔离，主人也应该做好自我保护，引起脓皮病的常为葡萄球菌，是人兽共患病的病原体。

（二）脓性创伤性皮炎

1. 病因

脓性创伤性皮炎是继发于自我损伤的皮肤表面速发性细菌感染。当动物瘙痒或受到疼痛刺激时，舔舐、啃咬、搔抓或摩擦会使局部发生病变。该病为季节性疾病，常发生于炎热、潮湿季节。虱子、跳蚤是最常见的刺激因素。

2. 症状

脓性创伤性皮炎早期表现为瘙痒，继而皮肤出现红肿、脱毛、渗出、糜烂等病变，病变部位迅速扩大，与健康皮肤界限明显。一般只有一个病灶，伴有疼痛，多发于躯干、大腿外侧、颈、面部、尾根等部位。如图 3-17、图 3-18 所示。

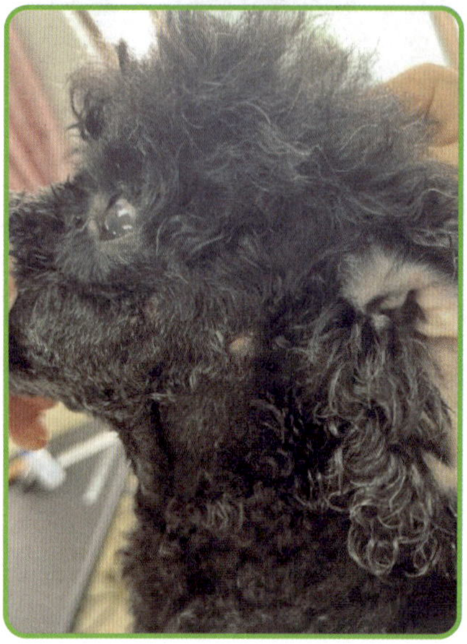

图 3-17　犬虱子感染、面部脓性创伤性皮炎

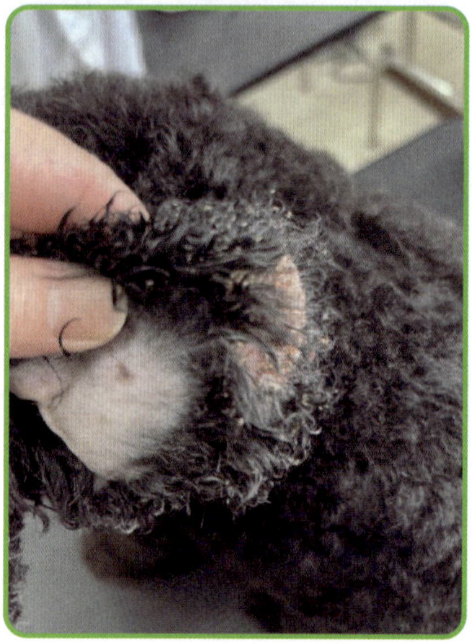

图 3-18　犬虱子感染、耳部脓性创伤性皮炎

3. 诊断

本病没有特殊诊断方法，主要结合创伤病史，皮肤有炎症、瘙痒，排除浅表脓皮病、皮肤癣菌病、蠕形螨感染等，可初步诊断。细胞学（皮肤压片）检查，可见混合细菌的化脓性炎症。

4. 治疗及预防

（1）积极治疗原发病因，如跳蚤、虱子等外寄生虫感染，皮肤外伤，过敏等。

（2）局部剃毛清洗，消毒、收敛创口，禁用含有乙醇的药物。

（3）如果瘙痒轻微，也可以使用局部镇痛剂或含有皮质类固醇的膏剂或溶液，外用。

（4）如瘙痒剧烈，可使用短效类固醇药物，如地塞米松磷酸钠注射液或泼尼松龙。

（5）全身抗生素治疗。

（6）加强犬的饲养管理，积极预防皮肤外伤、过敏性皮肤病、外寄生虫病、真菌病等。

五、犬过敏性皮肤病

犬过敏性皮肤病，是犬接触变应原如花粉、尘埃、寄生虫等引起的皮肤疾病，主要表现为皮肤红肿、瘙痒等症状，常见疾病有犬异位性皮炎、犬食物过敏。

(一)犬异位性皮炎

犬异位性皮炎是指有遗传性素质的炎性、瘙痒性和过敏性皮肤病，是兽医临床中一种常见的皮肤病。

1. 病因

犬异位性皮炎发病机制很复杂，尚不清楚，遗传和环境因素决定着其易感性。过敏原、微生物或昆虫来源的致敏作用，能导致犬皮肤被炎性细胞、激活的自体细胞和局部产生的炎性介质浸润，发病时会涉及多个方面因素的相互作用，如皮肤结构、免疫系统和生活环境。

2. 症状

起始发病常见于 6 月龄到 6 岁的犬，1～3 岁犬多发。主要症状是犬局部皮肤红斑和瘙痒，发病部位包括爪、口周、眼周、耳、侧腹部、腋下、会阴和尾根腹侧皮肤；犬有舔、蹭、挠、咬等自我损伤行为，导致病发部位出现脱毛、皮屑、抓伤、结痂、色素沉着等皮肤病变，并继发细菌、真菌等感染。该病呈现季节性发病或全年发病，有的是全年发病而季节性加重。

3. 诊断

(1)季节性舔舐爪部是异位性皮炎最独特和最典型的症状。如果是全年性过敏原(灰尘)导致的过敏，犬可能全年出现舔舐爪部行为。

(2)过敏原试验(皮内、血清学)。对青草、杂草、树木、霉菌、昆虫、皮屑和/或室内环境过敏原进行过敏测试，呈阳性反应，但也可能出现假阳性和假阴性反应。

(3)通过对症治疗后反复发作的皮肤病，应考虑抗过敏治疗，若取得好的疗效，也应考虑是异位性皮炎。

4. 治疗和预防

(1)预防感染　控制和预防继发感染是管理犬异位性皮炎的主要原则。每 3～7 d 洗一次澡，并在洗澡后处理耳朵，有助于洗掉过敏原和消毒皮肤、耳道。

(2)抗过敏、控制瘙痒　单独使用抗组胺药，或与糖皮质激素等联合用药。禁止长期使用糖皮质激素，以免体内激素水平失调。

(3)加强护理　积极清除过敏原，预防瘙痒性疾病的发生，犬要定期洗澡，全面补充营养，适当运动，增强免疫力。

(二)犬食物过敏

犬食物过敏是犬对食物或食品添加剂的一种不良反应，可发生于任何年龄，从刚断奶的幼犬到吃同款犬粮数年的老犬，但以幼犬食物过敏较为常见。犬食物过敏特点是非季节性瘙痒，常规治疗效果不佳，可反复发作。

1. 症状

局部或全身瘙痒，通常包括耳部、爪部、腹股沟或腋下、面部、颈部和会阴部。发病部位皮肤红斑，也可能出现丘疹。自我损伤引起的病变包括脱毛、抓痕鳞屑、结痂、皮肤色素过度沉着和/或苔藓化，常可继发浅表脓皮病、马拉色菌性皮炎、外耳炎、复发性创伤性皮炎等。如图 3-19、图 3-20 所示。

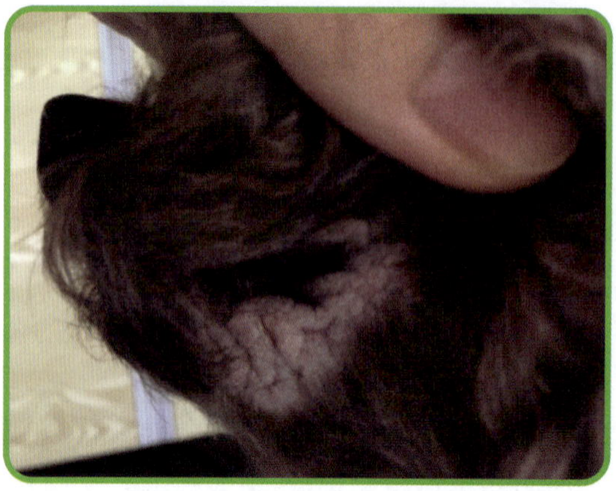

图 3-19　犬食物过敏，唇部苔藓化

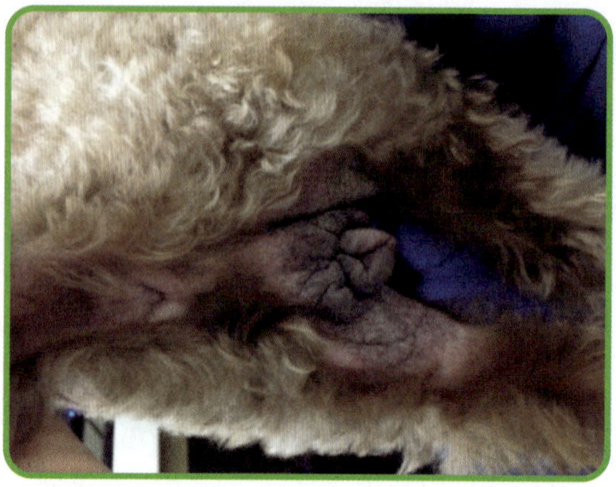

图 3-20　犬食物过敏，会阴部苔藓化

2. 诊断

(1)伴有或不伴有复发性外耳炎的肛周皮炎是食物过敏最常见的特征。当病犬表现为皮肤病反复发作，特别是更换日粮后发作，可初步怀疑为食物过敏。

(2)低敏性处方粮治疗性诊断试验。饲喂限制蛋白和碳水化合物的自制食物或低敏性处方粮，症状会在 10～12 周内得到改善。这种日粮不应该包含以前饲喂过的食物、零食或餐桌剩饭中的成分。牛肉、乳制品、鸡蛋、大豆、小麦、玉米等是常见的过敏原，试验时可重点排除含有这些成分的食物。

(3)激发试验。将可疑过敏原加入日粮中，几个小时或几天内症状会再次出现。

(4)食物过敏原测试。将日常食用的所有食物成分进行过敏测试，找出引起过敏的主要食物成分。

3. 治疗和预防

(1)预防感染。控制和预防继发感染是管理犬食物过敏的主要环节。

(2)控制瘙痒。单独使用抗组胺药，或与糖皮质激素等联合用药。

(3)停喂过敏性食物，对不明成分过敏时，应饲喂低敏性处方粮。

(4)幼犬换粮后应注意观察换粮后的皮毛健康及行为变化，有没有瘙痒反应等。

课后知识巩固

一、单项选择题

1. 犬的皮肤主要由表皮、真皮和皮下组织 3 部分组成，其中为皮肤提供营养和支持的是(　　)。

A. 表皮　　B. 真皮

C. 皮下组织　　D. 以上都正确

2. 犬皮肤表皮中具有防止水分流失和抵御外界有害物质侵入作用的是（　　）。

A. 角质层　　B. 透明层　　C. 颗粒层　　D. 基底层

3. 下列哪种寄生虫的成虫寄生部位不在犬的体表？（　　）

A. 蜱虫　　B. 跳蚤　　C. 虱子　　D. 钩虫

4. 下列哪种寄生虫叮咬犬后，会迅速吸血，可引起犬被吸血部位疼痛、急性炎症，叮咬严重的还可引起麻痹症或瘫痪，甚至呼吸困难、酸中毒而死亡？（　　）

A. 蜱虫　　B. 跳蚤　　C. 虱子　　D. 钩虫

5. 下列哪种寄生虫感染犬后，可引起犬瘙痒难忍，不断抓挠和啃咬皮肤，被毛上有黑色小颗粒或黑胡椒般的粉末状附着物？（　　）

A. 蜱虫　　B. 跳蚤　　C. 虱子　　D. 钩虫

6. 下列哪种寄生虫感染犬后，可引起犬皮肤瘙痒，被毛上有白色的虮子(虫卵)？（　　）

A. 蜱虫　　B. 跳蚤　　C. 虱子　　D. 钩虫

7. 下列真菌不是犬癣菌皮肤病主要病原体的是（　　）。

A. 犬小孢子菌　　B. 须毛癣菌

C. 石膏样小孢子菌　　D. 马拉色菌

8. 犬脓皮病的常见病原体是（　　）。

A. 假中间型葡萄球菌　　B. 犬小孢子菌

C. 马拉色菌　　D. 蠕形螨

9. 刮取犬受损皮肤表面组织，通过细胞学检查，检出大量卵圆形、圆形、圆筒形微生物，部分形态类似“花生”状，可确诊该犬患哪种皮肤病？（　　）

A. 蜱虫感染　　B. 马拉色菌病　　C. 脓皮病　　D. 异位性皮炎

10. 被称为“移动的皮屑”的是哪种螨虫？（　　）

A. 疥螨　　B. 蠕形螨　　C. 姬螯螨　　D. 耳痒螨

二、问答题

1. 如何预防跳蚤、虱子、蜱虫等犬体外寄生虫病？

2. 真菌性皮肤病如何诊断？

任务二　犬的被毛护理

情境导入

“雪球”是一只纯白色的萨摩耶犬，以其纯洁无瑕的毛发和温暖的笑容广受邻里喜爱。然而，由于冬季的严寒和主人对户外活动的热衷，“雪球”的毛发逐渐变得杂乱无章，夹杂着泥土和冰晶，失去了往日的亮丽与蓬松。

随着春天的到来，主人意识到“雪球”急需一次全面的被毛护理，以恢复它应有的风采。于是，主人预约了专业的宠物美容师，为“雪球”安排了一次从内到外的美容大改造。

在美容沙龙里，“雪球”经历了彻底的清洁和梳理。美容师首先用温和的洗发水为“雪球”洗去身上的污垢和油脂，然后用专业的吹风机和梳子将毛发吹干并梳理得整整齐齐。接着，美容师还根据“雪球”的体形和毛发特点，为其设计了一款既时尚又适合春季的“发型”。

几个小时后，当主人再次见到“雪球”时，几乎被它的新形象所震撼。原本杂乱无章的毛发变得蓬松如云，洁白如雪，仿佛刚刚从雪地里打滚出来的精灵。更令人惊喜的是，“雪球”的眼睛也变得更加明亮有神，仿佛对新的自己充满了自信和期待。

这次美容经历不仅让“雪球”的外表焕然一新，也让主人更加深刻地认识到了被毛护理的重要性。从此以后，主人更加注重“雪球”的日常护理，定期为其洗澡、梳理毛发、修剪趾甲等，确保它始终保持美丽和健康的状态。而“雪球”也似乎更加珍惜自己的新形象，每次出门都格外注意保持整洁和优雅。

这个案例再次证明了，通过专业的被毛护理和主人的悉心呵护，宠物们完全有可能实现从平凡到华丽的蜕变，展现出它们最迷人的一面。

一、犬被毛梳理的作用

微课 犬被毛梳理的作用

梳理被毛能够去除宠物身上的污垢、脱落的毛发和死皮，还可以起到按摩作用，促进血液循环，有利于被毛和皮肤的健康。梳理被毛的过程也是发现体外寄生虫和皮肤病的好机会，经常为宠物梳理被毛，也可以防止毛球病的发生。同时，还能刺激宠物皮肤均匀分泌油脂、增加皮毛光泽，起到皮肤保健的作用。当宠物处于换毛期的时候，尤其需要时常梳理被毛，以排梳能顺利通过毛发、没有缠结视为合格。被毛梳理可以初步改变宠物的整体形象，也为后续美容操作打下基础。

从宠物与主人的关系上来看，日常梳理还可以增加宠物对主人的信赖，在梳理过程中通过人与宠物的亲密接触，让宠物获得舒服的体验，感受到来自主人的友善与情感，熟悉来自主人的抚摸，有助于建立牢靠而稳定的信任关系，增进主人与宠物之间的感情。对于刚换了新主人的宠物，则有助于加快其对新环境的适应和熟悉。

二、犬被毛的梳理方法

犬的被毛需要定期进行梳理，根据毛质状况使用散毛工具，如柄梳、针梳或排梳(图 3-21、图 3-22)。常用的梳理工具还有美容梳、分界梳、开结刀、鬃毛刷、钢丝刷、针刷、橡皮刷等，它们各自有不同的用途。例如，柄梳主要用于短毛和刚毛犬的被毛梳理，用来除去脱落的被毛，梳开毛结，防止被毛起球，更好地促进毛发生长；针梳主要用于长毛犬的被毛梳理，可以更方便地将被毛的毛结、脱落的被毛、灰尘、皮屑等去除。

图 3-21　猪鬃亮毛梳

图 3-22　25 mm 长针柄梳

1. 使用工具

长毛犬因其被毛较长，使用钢丝刷会扯断被毛，应选择圆头针刷或鬃毛刷；短毛犬可使用平滑的钢丝刷；光毛犬则可选择橡皮刷。

2. 梳理顺序

通常从犬的左侧后肢开始，从下向上，从左至右，依次梳理后肢→臀部→背部→腹部→肩部→前肢→前胸→颈部→头部，一侧梳理完毕换另一侧，最后梳理尾部。

操作视频　犬被毛的梳理

(1)分层梳理。一只手掀起被毛，轻轻压于掌下，另一只手从被毛根部向外梳理，梳理时分清界线，保证一层一层进行梳理，每层之间要看得见皮肤，这样依次将所有被毛彻底梳通。

(2)每个部位反复梳理几遍，确保梳遍犬只全身，包括尾巴和腿。

(3)如果遇到毛结，应先用手轻轻将毛结拉松，再压住毛根，将毛结一点点梳开。如果毛结过大或较结实，则用开结刀去除毛结。如遇有中度毛球，梳理时先手拆，再用针梳梳理，最后用排梳梳理；如遇有重度毛球，需要先使用开结刀割开，再进行下一步操作。

3. 去除毛结

除犬只背部较不容易形成毛结以外，其他部位都较容易形成毛结，尤其是长毛犬。用宽齿梳轻轻拨开较松的毛结，用开结刀轻轻将较紧的毛结去除，如果形成的毛结很紧很大时，可用剪刀顺毛根方向将毛结剪开再梳理，若仍然梳不开可直接用剪刀贴着皮将毛结剪掉。

4. 针梳梳理

被毛去除毛结，并用美容梳梳理后，需再使用针梳梳理整齐。

操作视频　去除毛结

操作视频　针梳梳理

操作视频
脚底毛修剪

微课 犬脚底毛、
腹底毛清理

三、犬脚底毛、腹底毛清理

(一)修剪脚底毛

1. 修剪脚底毛的必要性

犬类的脚掌上也会长毛,若长期不修剪,这些毛发可能会逐渐变长,甚至覆盖住脚面。对于养在室内的小型犬而言,脚掌上过长的毛发会带来不少问题,例如,它们走在地板上时容易打滑;外出散步时,脚掌间的毛发还很容易沾染污物或被弄湿,这不仅会成为犬体臭的源头,还可能引发皮肤病,甚至为蜱虫等寄生虫提供滋生的温床。所以,定期修剪犬只脚底的毛发,让脚掌能与地面紧密接触,是十分有必要的。

2. 操作步骤

(1)脚底毛的修剪要求　脚部周围的毛修剪成圆形,四个小脚垫之间的毛剪至与脚垫平行即可。

(2)脚底毛的修剪步骤　先把足部的毛都梳开、梳顺。用直剪修剪正面和侧面的毛,剪刀与犬的脚趾呈 45°,按照趾甲的弧度从前面平剪一刀,将大致的形状剪出来,然后再往两旁慢慢修圆,将脚掌上方的大致边线修整齐。

修剪脚掌后面的毛时,将犬的脚抬起,同样把毛向下梳理开,剪刀平贴脚掌,剪去后脚掌多余的毛,脚后面的毛可修剪成往上斜的形状。

沿着脚掌周围,慢慢将一圈毛都修圆。脚掌内各个脚垫之间的短毛适合用刀刃较短的小直剪修剪,也可以使用电剪修剪,如果使用电剪,通常用 40 号刀头来修剪。具体方法是:将脚掌向上翻转,将足垫缝内的毛发全部修剪干净,使犬的脚垫充分暴露出来即可。

(二)剃腹底毛

1. 剃腹底毛的必要性

腹部的毛(又称腹底毛)在犬伏卧、排尿或哺乳时很容易弄脏,常常打结,既容易引起皮肤病,又影响美观,所以要清理干净。

2. 操作步骤

(1)左手握住犬的两前肢,使犬站立起来。

(2)将犬腹底毛梳顺、梳开。

(3)腹底毛的修剪根据犬的性别不同而有所差异,一般常用 30 号刀头。

操作视频
剃腹底毛

如是公犬,先将一只后腿抬高到身体高度,操作人员头低下,与犬的腹部平行,然后开始剃犬生殖器两侧的毛;再将犬的两前肢往上提,让犬后肢站立,用电剪从犬的后腿根部向上剃至倒数第 2 和第 3 对乳头之间,形成倒"V"形。

如是母犬,先将犬的一侧后腿抬起,顺着胯下部位角度推毛;再将犬的两前肢往上提,让犬后肢站立,用电剪从犬的后腿根部向上剃至倒数第 3 对乳头,形成倒"U"形。

3. 注意事项

腹部皮肤薄嫩,两侧有皮肤褶。因此,要用电剪小心谨慎地向上、向外剃干净,千万不要剃伤皮肤和乳头。

课后知识巩固

一、选择题

1. 在给犬梳理被毛时,以下哪种梳子最适合用于去除死毛和结块?(　　)

A. 硬毛刷　　B. 密齿梳

C. 针梳　　D. 手套刷

2. 梳理犬被毛时,应遵循的基本顺序是(　　)。

A. 先梳理四肢,再梳理躯干,最后梳理头部

B. 先梳理头部,再梳理躯干,最后梳理四肢

C. 先梳理躯干,再梳理四肢,最后梳理头部

D. 无固定顺序,随意梳理

3. 关于犬被毛梳理的注意事项,以下说法错误的是(　　)。

A. 梳理时应顺着毛发的生长方向进行

B. 对于打结的毛发,应直接剪掉,避免浪费时间

C. 梳理前应先检查犬的皮肤是否有异常

D. 梳理时应使用适合犬毛发类型的梳子

二、简答题

1. 简述犬被毛梳理的重要性。

2. 请描述在给犬梳理被毛时,如何正确处理打结的毛发。

任务三　犬的局部护理

情境导入

一天中午，一位先生带着一只比熊犬来到宠物美容店，美容师梅梅在给比熊犬清洁被毛时，发现其眼角比较脏，有两道褐色的泪痕，影响美观。请问美容师梅梅该如何进行比熊犬的眼部护理呢？

一、犬的眼睛护理

微课　犬的眼睛护理

（一）犬眼睛护理的必要性

眼睛是心灵的窗口，犬的眼睛是其认识世界的重要器官，也是与主人沟通的重要媒介。犬的眼睛因品种不同而出现不同问题，有些犬的眼睛突出，很容易干涩，如北京犬、斗牛犬等；白色皮毛的小型犬容易形成褐色的泪痕，如贵宾犬、比熊犬等；有些犬的眼睑容易内翻，导致睫毛倒生，刺激角膜引起流泪，甚至影响视力，如沙皮犬、松狮犬等；有些犬眼睑外翻，容易沾染灰尘，如松狮犬、血猎犬等，因此作为宠物美容师，需要正确清洁护理犬的眼睛，减少眼部疾病，保障犬的眼睛健康，为主人和爱犬排忧解难。

（二）眼睛清洁用具

洗眼液、2%的硼酸溶液、眼药水、泪痕祛除液、脱脂棉、美容桌等。

（三）眼睛的护理方法

1. 健康宠物的眼睛

健康的犬眼睛应该是清澈干净、黑白分明、炯炯有神的，眼白的光泽度好、颜色瓷白、没有血丝和斑点，角膜透明，瞳孔正常，有良好的视觉功能，睫毛及眼睛周围被毛是干净整齐的。

2. 眼睛的护理

（1）眼睛的检查　检查眼睛是否有炎症或眼屎，是否有眼睫毛倒生现象。若有炎症或眼屎，用温水或 2%的硼酸溶液沾湿棉球后轻轻擦拭，或滴入消炎眼药水；若眼睫毛倒生，则应将倒生的睫毛用镊子拔除。

（2）滴洗眼液　一只手握住犬的口吻部，用食指和拇指打开犬的眼皮，另一只手用食指和拇指握住眼药水瓶，从头顶后上方将眼药水或洗眼液滴入眼睛内眼睑位置，每次滴 1～2 滴即可，用脱脂棉从内眼角向外轻轻擦拭干净，切忌来回擦拭眼睛，以防刺伤角膜。通常情况下，在洗澡前滴 1 滴润眼露，让其形成保护膜，以防毛发、水或洗毛精刺激眼睛。洗完澡后再次点眼药水或润眼露，以防洗澡过程中眼睛受伤。

（3）眼部周围毛量多的处理　有些品种犬，如西施犬、约克夏犬等长毛犬，眼睛周围长满长毛，可能会摩擦眼球，引起眼病，需要经常梳理，眼周围的毛要适当剪短或扎起。

操作视频
眼睛的护理

3. 泪痕的处理

很多宠物犬，尤其是白毛犬，经常流泪，在眼角会形成两道红褐色的泪痕，非常影响美观。泪痕产生的原因多为泪液分泌增多和泪液排泄不畅，因此需要进行特殊处理。每天用脱脂棉球冲洗眼睛，脱脂棉球蘸取泪痕祛除液，清洗泪痕，持续清理会逐渐使泪痕颜色变浅，同时可内服祛泪痕口服液，必要时也可用遮瑕膏来掩盖。

（四）眼睛护理注意事项

（1）坚持每天查看犬的眼睛。很多小型犬的眼睛常会聚集分泌物，坚持每天用湿布擦洗面部，然后用湿棉球由内眼角向外眼角轻轻擦拭，如果眼睛分泌异物，则需用温和的盐水洗涤眼睛。

（2）保持眼部湿润舒适。很多犬眼球突出，如京巴犬、吉娃娃等，每天需要滴几滴润眼露。

（3）如果犬的眼睛已经受伤或疼痛，要尽量避免眼睛受到阳光直射，可以戴上伊丽莎白项圈，这样能有效阻止其咬伤、挠伤患处。

（4）含有皮质类固醇成分的眼药水或眼药膏不能经常使用，否则易导致眼底萎缩或失明。

课后知识巩固

1. 健康犬的眼睛应该（　　）。

A. 无泪、无眼屎　　B. 有眼泪　　C. 有眼屎　　D. 有微红现象

2. 常见洗眼液为（　　）溶液。

A. 2%高锰酸钾　　B. 2%来苏儿

C. 2%硼酸　　D. 2%过氧乙酸

3. 清洗犬眼睛时不宜用下面哪种工具？（　　）

A. 洗眼液　　B. 脱脂棉　　C. 纱布　　D. 润眼露

4. 洗澡前给犬滴润眼露的作用是（　　）。

A. 防止撞伤　　B. 形成保护膜　　C. 治疗炎症　　D. 使瞳孔收缩

5. 犬泪痕的处理可以选用哪种方法？（　　）

A. 使用泪痕祛除液　　B. 祛泪痕口服液

C. 用棉球来回擦拭　　D. 使用遮瑕膏

情境导入

小李在为一只西施犬清理耳道时，使用棉签滴加一滴洗耳液，伸进犬耳道内部转动。由于没有保定好犬只，西施犬耳道受到刺激便开始甩头，于是小李迅速取出棉签，但发现棉花遗留在犬的耳道内。请问小李的操作有何不当之处，应该如何正确进行西施犬的耳朵护理呢？

二、犬的耳朵护理

微课　犬的耳朵护理

(一)犬耳朵护理的必要性

犬的耳道呈“L”形，很容易积聚分泌物、灰尘和水分，尤其是大耳犬下垂的耳郭常把耳道盖住，耳道附近的长毛(如贵宾犬、京巴犬等)也可将耳道遮盖，由于空气流通不畅，易积垢、潮湿而使耳道感染发炎、患耳螨等，甚至导致犬听力受损。因此，定期清理耳朵是宠物护理中的重要环节。如果发现犬只经常搔抓耳朵，或不断用力摇头摆耳，说明犬耳道有问题，应及时仔细清洁耳道，防止细菌滋生，及时发现耳道疾病，早发现、早治疗。

(二)耳道清洁工具

耳毛粉、洗耳液、止血钳、脱脂棉、草纸等。

(三)耳朵的护理

操作视频　耳朵的护理

1. 检查耳道

健康宠物的耳朵内表面应该呈粉红色，不应有任何颗粒状的分泌物，外耳道无毛发，也无异味。

2. 拔耳毛

保定好犬只，将犬只的耳朵翻开，用手指抓住耳郭向后或平放在头上，露出耳郭。将适量耳毛粉倒入犬耳道内，轻轻合上耳郭，轻揉几下，使耳毛粉均匀分布于耳毛上，减轻犬的不适。用右手沿着毛的生长方向快速拔除露在外面的耳毛。耳道深处的毛需要用止血钳拔除。注意止血钳伸入耳道后再张开，夹住毛后迅速拔出，动作要连贯。

3. 清洁耳道

根据耳道的大小，用止血钳夹住脱脂棉中部，把适量的脱脂棉缠绕在止血钳上，蘸取适量的洗耳液，伸入耳道内，旋转式擦拭。每次取出后，都要更换新的脱脂棉，直至从耳内取出的脱脂棉无污物，则确认清洗干净，用干棉球再次轻轻擦拭。

4. 安抚情绪

操作结束后，对宠物进行安抚及表扬，让其习惯耳道清理。

（四）病理性耳道处理方法

1. 耳部疾病常见症状

犬只经常挠抓耳朵、不断用力摇头摆耳或歪头、听力变差、耳朵散发臭味或分泌物异常增加、耳朵有红肿化脓或出血迹象。

2. 病理性耳道处理方法

如果分泌物较多且有臭味，将犬耳内侧的毛发全部修剪干净，毛发过长易引起再次感染。将犬耳背外翻，使耳道充分暴露，再在耳内滴 1～2 滴消炎滴耳液，轻轻按摩耳根部 3～5 min 打开耳背，松手后让犬只自然甩头，用棉球将犬耳内的液体擦干，撒上消炎药粉。如果出现发炎、红肿、流血等现象，应找宠物医生及时治疗。

（五）耳朵护理注意事项

（1）耳道内有少量蜡状物（耳蜡），量少时可形成对耳道的天然保护。

（2）每周定期拔除耳毛。拔耳毛前必须使用耳毛粉，耳毛粉具有消炎、麻醉的功效。一次不要拔太多，而且动作要轻柔，否则容易引起犬的疼痛，犬只会挣扎，晃动头部，影响操作。

（3）止血钳插入耳道时动作要轻柔，且深度为成年人食指的第一个关节长最为适宜。

（4）洗澡前在犬耳朵内塞上棉花，防止耳道积水。

（5）不要将洗耳水直接滴入耳朵内，洗耳水的量控制在使脱脂棉潮湿但不滴落药液为宜。

（6）不使用棉棒清理耳道，防止棉花掉落在耳道内。

课后知识巩固

1. 犬只耳道呈（　　）形，所以部分耳道不容易进行清洁。

A. S　　B. L　　C. I　　D. N

2. 拔除耳道深处毛的方式，主要是（　　）。

A. 徒手拔除　　B. 洒耳毛粉后拔除

C. 用止血钳拔除　　D. 用镊子拔除

3. 清洁耳道时下列哪项不是需要使用的工具或用品？（　　）

A. 止血钳　　B. 耳毛粉

C. 洗耳液　　D. 拔毛刀

4. 健康犬只的耳道应该（　　）。

A. 呈粉红色，无任何颗粒状的分泌物　　B. 有较多耳毛

C. 红肿　　D. 散发臭味

情境导入

一天，小张带着一只博美犬来到宠物店做洗澡护理，宠物美容师小雨在为它梳理脚部被毛时，发现该犬只的趾甲很长，非常容易抓伤主人，请问该如何正确进行博美犬的趾甲护理呢？

三、趾甲护理

微课 犬的趾甲护理

(一)犬趾甲护理的必要性

犬趾甲过长会卷曲成钩状，影响犬的行走，不及时修剪还会长进肉里，扎破血管，对脚掌造成伤害，严重时甚至形成跛足。犬趾甲太长会划伤人或衣物，损坏家中物品，同时犬趾甲中带有泥土或污物，不卫生。因此定期修剪犬趾甲是宠物基础美容的重要环节。

(二)犬趾甲的结构

犬前脚五趾，后脚四趾，趾甲位于每个趾末端，前脚狼趾隐藏在毛发内。犬趾甲较厚且向下弯曲，由外向里可分为角质部、皮质部、髓质部 3 部分，最外层的角质层是死亡组织，深层的髓质部有神经、血管，俗称血线。

(三)犬趾甲修剪的工具

犬专用趾甲钳、趾甲锉、止血粉等。

(四)犬趾甲的修剪方法

操作视频 趾甲修剪

1. 正确保定犬只

修剪前脚趾甲时，左手从犬的肘部夹住犬，并拿起犬外侧的前肢从犬身体下拉至犬与人间，右手握趾甲钳进行操作。修剪后脚趾甲时，左手抬起犬的后腿夹在左臂与身体之间，抓起犬一只脚，右手握趾甲钳操作。

2. 犬白色趾甲的修剪方法

固定好犬只，一只手捏住犬脚趾根部，露出趾甲，找到血线；另一只手持犬趾甲钳，采用三刀剪法进行修剪，第一刀垂直于趾甲前端，第二刀与趾甲背面成 45°斜切，第三刀从趾甲腹面 45°斜切；趾甲剪完后用锉刀将边缘磨平。

3. 犬深色趾甲的修剪方法

黑色或褐色的趾甲从尖端开始，一次只剪掉一点，当趾甲的切面湿润、出现肉色、即将靠近血线，停止修剪。如趾甲出血，立即用止血粉按压几秒钟。

(五)犬趾甲修剪的注意事项

(1)对于趾甲较厚的大型犬,直接修剪容易造成趾甲劈裂,可以在洗澡后,将趾甲浸软再修剪。

(2)尽量不要剪到血线,新手看不清犬趾甲的血线时可以多剪几次,每次少剪一点,直到满意为止。

(3)如果趾甲出血,要捏紧犬的趾甲根部止血并及时用止血粉按压。

课后知识巩固

1. 给犬修剪趾甲时,若趾甲出血,立即用(　　)按压在趾甲切面上几秒钟。
   A. 止血粉　　B. 洗甲水　　C. 棉球　　D. 草纸
2. 修剪犬的趾甲不需要用的工具有(　　)。
   A. 趾甲剪　　B. 趾甲锉　　C. 止血钳　　D. 止血粉
3. 修剪趾甲时,常使用的保定方法是(　　)。
   A. 绷带法　　B. 徒手保定法　　C. 嵌口法　　D. 嘴套法

情境导入

一天,小刘带着一只雪纳瑞犬来到宠物店做洗澡护理,宠物美容师在为它梳理头部被毛时,发现该犬只的口腔较臭,牙齿发黄,牙结石严重,可能影响进食,请问该如何正确进行雪纳瑞犬的口腔护理呢?

四、犬的口腔清洁护理

微课　犬的口腔清洁护理

对于大部分饲养宠物犬的主人们来说,犬的牙齿似乎并没有得到应有的重视。人类牙齿不好时会影响食欲、心情等,犬类也一样,犬科动物的牙齿是它们最重要的武器和工具之一。如果平时不多注意保护犬的牙齿,它们同样有可能会有蛀牙、牙结石,甚至出现断牙这类严重后果。

(一)犬口腔护理的重要性

1. 防止牙齿脱落

当支撑犬牙齿的结构受到损伤或者感染时,犬的牙齿会变得松动并脱落。适当的口腔护理可以让这些支撑牙齿的结构保持健康,降低牙齿脱落的发生率。

2. 防止犬出现口臭

适当的口腔护理，能够清除残留在犬口腔中的食物，防止食物残留在口腔中过久而产生细菌及口臭。

3. 预防口腔疼痛

当犬发生了牙科疾病，特别是严重的牙科疾病，是十分痛苦的。保持犬牙齿和牙龈健康可在一定程度上预防犬因口腔疼痛带来的生活质量降低。

4. 预防牙科疾病恶化

牙科疾病在犬三岁以后是最容易发生的，经过良好的牙科护理可以降低犬发生牙科疾病的概率，以及降低犬发生牙科疾病和引起继发病的概率。

（二）犬牙齿的结构及生长

1. 犬牙齿数量

成年犬的口腔有上颌齿和下颌齿。门齿上下各 6 枚，犬齿上下各 2 枚，前臼齿上下各 8 枚，后臼齿上颌 4 枚、下颌 6 枚，总计 42 枚。

2. 犬牙齿的构造

犬牙齿主要由齿质构成，在齿冠的外面覆有光滑而坚硬且呈乳白色的齿釉质，在齿根的齿质表面被有齿骨质。齿根的末端有孔通向齿髓腔，腔内有齿髓，外面包裹齿龈。

3. 犬牙齿生长过程

犬出生后 19 d 长乳齿，20 d 左右牙齿逐渐参差不齐地长出来；30～40 d，乳门齿长齐；2 月龄乳齿全部长齐，尖细而呈嫩白色。2～4 个月，更换第一乳门齿；5～6 个月，更换第二、第三乳门齿及其余全部乳齿。8 个月以上，牙齿全部换成恒齿。1 岁，恒齿长齐，光洁、牢固，门齿上部有尖突。

（三）犬口腔常见疾病

1. 牙菌斑

牙菌斑（图 3-23）是一种堆积在牙齿上的细菌菌膜，通常位于牙龈附近，牙菌斑可以轻易地与唾液中的钙结合，之后变硬，转化为牙垢和牙结石。

主要症状是口臭、牙龈红肿。

2. 牙结石

牙结石（图 3-24）是由牙菌斑与唾液中钙结合矿化而成的，牙结石内含有大量的细菌，它的形成会逐渐挤压牙龈，导致牙龈炎，产生剧烈疼痛，有时甚至导致牙齿脱落。

主要症状是牙齿表面有淡黄色至黄色固体物质，口臭，牙龈红肿。

3. 牙龈炎

牙龈炎（图 3-25）是细菌与牙龈接触引起的炎症反应，称为牙龈炎，通常是由牙菌斑、牙结石引起的。在牙龈内侧传播的细菌会逐渐引起更深的病变，如牙龈、牙周韧带损伤或槽骨的损伤。

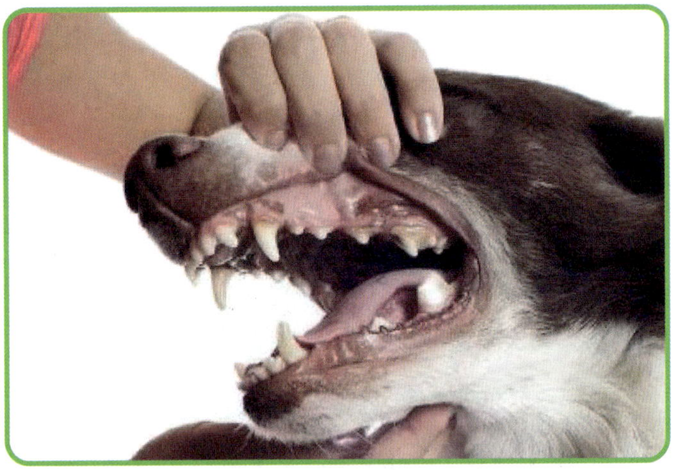

图 3-23 牙菌斑

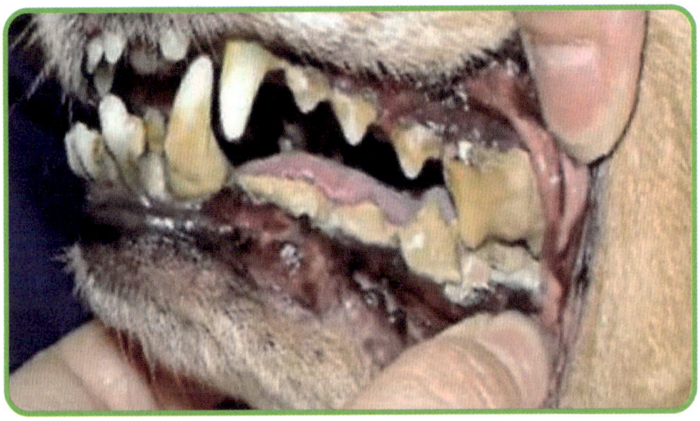

图 3-24 牙结石

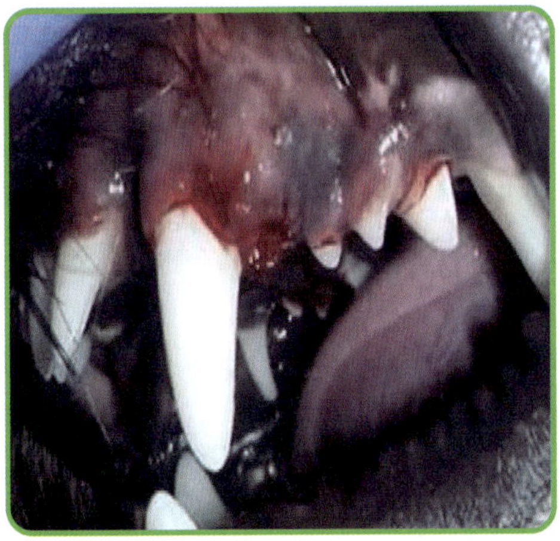

图 3-25 牙龈炎

主要症状是口臭、牙龈红肿、牙龈轻度萎缩、牙龈出血、牙齿松动。

4. 牙周病

牙周病(图 3-26)是牙周组织的炎症,如果没有及时治疗,犬会出现牙齿逐渐脱落,颜面部可能出现瘘道(口鼻瘘),由于出现了骨溶解,可能会导致下颌骨骨折。随着感染进一步加剧,甚至继发心血管疾病。

主要症状是口臭、牙龈红肿、牙龈严重萎缩、牙槽骨溶解、牙槽内脓肿、牙齿松动。

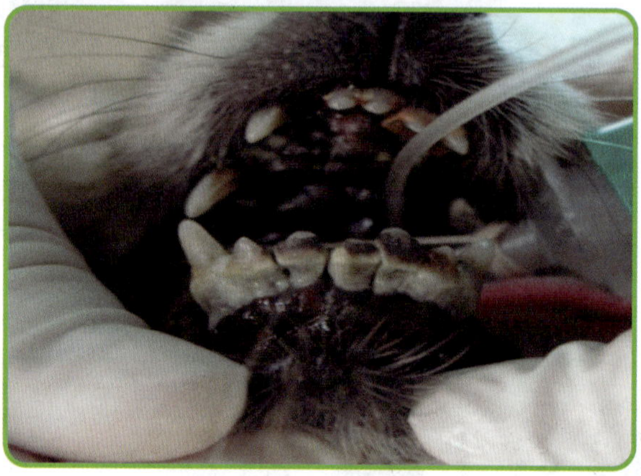

图 3-26　牙周病

5. 乳齿滞留

乳齿滞留是指犬 8 月龄之后,本应该脱落的乳齿并未脱落,出现滞留的现象,表现为多出一颗牙,此现象较多出现在约克夏犬、博美犬、贵宾犬等小型犬身上。

主要症状是口臭、咬合疼痛,甚至产生双排牙,滞留位置容易积聚食物残渣。

(四)犬牙齿清洁护理

操作视频　犬牙齿清洁护理

1. 健康的牙齿

健康的牙齿是完整的,呈自然白色且没有牙垢。牙龈为粉红色,牙龈应该紧紧包围着每颗牙齿,上面不能有食物或杂质附着,轻轻按压牙龈时应无疼痛感。

2. 犬牙齿清洁工具

纱布、犬专用牙刷、犬专用牙膏、洁牙棒等(图 3-27)。

3. 用手缠纱布刷牙

先用手指轻轻在犬牙龈部位来回摩擦,从牙龈外侧部分开始,再摩擦内侧牙齿和牙龈。也可挤少许牙膏摩擦牙齿和牙龈。

4. 用牙刷刷牙

选用犬专用牙刷,与牙齿呈 45°角,在牙龈和牙齿交会处以画小圈的方式一次刷几颗牙,最后以垂直方式刷净牙齿和牙齿间隙。

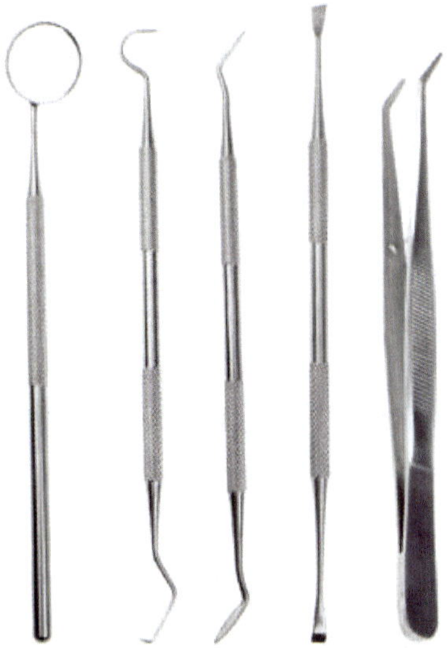

图 3-27　犬牙齿清洁工具

5. 洁牙玩具

牙齿清洁产品有很多，如磨牙棒，可作为辅助保护牙齿的选择。

6. 超声波洁牙机

超声波洁牙机通常用于牙结石比较严重的犬只，需要将犬全身麻醉后进行操作，常在宠物医院完成该项操作。

课后知识巩固

1. 成年犬有(　　)颗牙齿。

A. 42　　B. 40　　C. 32　　D. 44

2. 犬的牙齿每(　　)至少要接受一次兽医检查，每周接受一次主人的检查。每周应刷牙3次以上，方能有效保持犬的口腔和牙齿卫生。

A. 1个月　　B. 半年

C. 1年　　D. 2年

3. 一般幼犬牙齿有(　　)颗，乳齿会随着成长脱落更换为恒齿。

A. 42　　B. 28

C. 32　　D. 22

4. 关于牙齿的清洁护理错误的是(　　)。

A. 犬的牙齿每年至少接受1次兽医检查

B. 给犬刷牙时牙刷与牙齿呈45°角，在牙齿与牙龈交会处用画小圈的方式一次刷几颗牙

C. 待犬适应用牙刷刷牙后每周应该刷3次以上

D. 不需要定期护理犬牙齿

任务四　犬的洗浴清理

情境导入

宠物营养师 Mary 因为需要进修和经常出差，将玩具贵宾犬“百万”交由妈妈照顾，经小区的邻居介绍说附近有一家小宠物店也可以洗澡美容，妈妈就带“百万”去了，第一次去感觉环境不太好，也没办理会员，第一次洗澡后发现犬眼部还是有泪痕，没有彻底清洗掉。第二次去洗澡，回家后发现“百万”不爱动，不爱蹦跳，一摸腿就躲，老妈给“百万”吃了家中预备的宠物专用关节宝，每天抱着外出，三天后好了，因为贵宾犬天生容易有髌骨问题，也没在意。第三次带“百万”去，这次是去美容，美容出来后发现“百万”一只眼睛睁不开，后去医院鉴定为眼角膜轻微受损，并伴有结膜炎。针对“百万”的 3 次洗浴，请分析出现异常状况的原因是什么，怎样正确进行洗浴？

一、洗澡前的准备

微课　犬的洗浴清理

(一)给犬洗澡的意义

1. 清洁皮肤，预防疾病

洗澡时可以清除犬只体表污垢、死毛和多余油脂，保持皮肤干净，降低皮肤病风险。

2. 护理毛发，提升外观

洗澡可以让犬只毛发柔软有光泽，减少打结，让犬看起来更整洁精神。

3. 去除异味，保持清爽

洗澡有助于清除犬只皮肤油脂、污物等产生的异味，让犬保持干净卫生，方便家庭生活和与主人亲密接触。

4. 促进循环，有益健康

洗澡时的按摩和冲洗能加快犬只血液循环，帮助其放松肌肉，增强体质，保持健康。

(二)犬不能洗澡的情况

1. 打疫苗后

犬注射疫苗后，身体免疫力会短暂下降，部分犬可能还会有应激、精神萎靡的情况，需要在犬注射疫苗一周后再进行洗浴。

2. 生育哺乳期

犬生育期免疫力较差，洗澡容易生病。一般需要生产 40 d 以后再给犬洗澡。

3. 受伤时

犬身上有伤口时，为避免伤口感染发炎，加重病情，此时不能接触水，如必须要清洁时，可以使用宠物干洗粉。

4. 大病初愈时

犬身体刚刚复原时，免疫力还处于较低的水平，洗澡建议避开恢复期，或选择用宠物干洗粉进行清洁。

（三）犬洗澡前的准备

1. 准备洗澡用品

宠物香波、护毛素、稀释瓶、吸水毛巾、棉球、趾甲剪、磨甲器、直排梳、针梳等。

2. 剪趾甲

洗澡前，如果犬趾甲较长，建议先修剪，以免在洗澡过程中抓伤宠物美容师或宠主。

3. 安抚犬

大多数犬是不爱洗澡的，所以在洗澡前，要做好保定工作，给一些零食或玩具，以此来缓解犬的紧张情绪。

4. 梳毛开结

洗澡之前，先仔细地将犬全身的毛梳理一遍，如毛发打结可使用开结刀先开结，因为毛结湿水后变得更紧，更难处理；另外，通过梳毛开结检查也能发现犬是否有皮肤病或外伤。

5. 基础护理

剃脚底毛、剃肛周毛、剃腹底毛、耳道清理、拔耳毛。

（四）宠物洗护产品的选择

选择功能相应的洗浴香波（图 3-28），先用稀释瓶进行稀释，将香波注入至稀释瓶 1/6～1/5 处，注满清水后即可使用。如有需要还可在使用洗浴香波后使用护毛素，注意使用时同样需要稀释，清洗干净洗浴香波后将护毛素均匀涂在毛发上，经 2～3 min 用水冲净干净即可。

二、洗澡的流程

（一）调试水温

犬的正常体温是 37.5～39.5 ℃，在给犬洗澡时，水温应略高于其体温，以确保犬感到舒适，具体来讲，夏季水温一般控制在 36～38 ℃；冬季水温一般控制在 38～40 ℃。

图 3-28　部分洗浴香波图

(二)稀释洗浴香波

用稀释瓶按照适宜的比例稀释,不同的沐浴露稀释的比例不同。

(三)宠物保定

宠物放入水池,用池中固定的安全绳保定宠物。

(四)挤肛门腺

将宠物尾巴向上抬起,拇指与食指掐住肛门两边,拇指和食指分别放在时钟 8 点和 4 点的位置,由里向外将肛门腺中分泌物挤出。

(五)全身冲湿

右手拿淋浴器头,左手固定犬,将犬全身冲湿。冲湿的顺序是先冲湿身体,再冲洗尾巴和四肢及前胸,最后冲洗头部。冲洗头部时将手掌盖于宠物鼻梁上方,使其低头,避免呛水,尤其是短鼻腔的犬需特别注意,如京巴犬。

(六)涂洗浴香波

用海绵块涂抹稀释过的洗浴香波,按照身体→尾巴→四肢→前胸→头部的顺序。边涂抹边搓揉,使浴液充分吸收并产生丰富的泡沫。

(七)冲洗全身

从头部开始从前向后,从上向下冲洗。依次冲洗头部→身体→尾巴→四肢→前胸等部位,并确保将香波完全冲洗干净,无残留。

(八)第二遍洗护

再次用洗浴香波做深层清洁，可以在揉搓完成后把洗浴香波在犬身上停留几分钟，这样能在一定程度上遮盖住犬的体味。

(九)涂护毛素

第二遍的洗浴香波冲洗完成后，将护毛素稀释后涂抹全身，可在容易毛打结的部位如脖子、腿上多停留几分钟，等护毛素充分吸收后再进行冲洗。

(十)冲洗干净

洗浴香波和护毛素的残留一定要冲洗干净，以防止对犬的皮肤造成伤害。

(十一)全身擦干

使用吸水毛巾将头及身体包裹住，将宠物犬抱出浴缸并放到美容台上，用吸水毛巾反复摩擦把水擦干，确认将身体每个部位的水分都擦干。

操作视频
轻赛洗-普洗

操作视频
轻赛洗-精洗

操作视频
轻赛洗-定制

三、吹干、拉毛

(一)吹风拉毛

1. 宠物保定

将美容桌上的安全绳环套住犬的肘关节下侧。注意松紧程度，不可过紧，也不宜过松。

2. 吹水

打开吹水机，依据犬的大小调节适合的风量，将宠物全身的毛发吹至 7～8 成干。吹水过程中需要注意：不可直吹面部；幼宠(6 个月内)和对吹水机恐惧的犬只不能使用吹水机；老年犬尽量使用小风吹，在吹水过程中如出现呼吸急促、流口水等异常情况，立即停止使用吹水机。

3. 吹干拉毛

从毛根部吹起，用针梳边梳边用吹风机拉毛，直至将毛发完全吹干拉直。

操作视频 吹水

操作视频 吹干拉毛

4. 剪杂乱毛

(1)眼睛周边毛 用剪刀将眼睛周边毛稍剪干净,不遮挡眼睛即可。

(2)脚圈毛 用剪刀将脚圈毛稍剪干净,无长短不齐即可。

思政小天地——中国古诗词中的“喵星人”

十一月四日风雨大作二首 其一

宋·陆游

风卷江湖雨暗村,四山声作海涛翻。

溪柴火软蛮毡暖,我与狸奴不出门。

赏析:天空黑暗,大风卷着江湖上的雨,四周的山上哗哗大雨像巨浪翻滚之声。溪柴烧的小火和裹在身上的毛毡都很暖和,我和猫儿都不愿出门。

宋人将猫称为“狸奴”,这一称呼既是对猫的昵称,也反映了其作为家庭宠物的普及性。据记载,当时无论是宫廷、官僚家庭还是平民家庭,都热衷于养猫。

宋人养猫需行聘礼,流程包含选猫、下聘、迎猫、拜猫神等环节。选猫时注重毛色,如纯白、黄白相间的猫最受青睐;下聘需准备盐、鱼等聘礼,并签订纳猫契,明确猫的责任与义务。宋人认为猫有镇宅辟邪的功效,尤其是黑猫(“铁猫”)被视为捕鼠能手,甚至以十贯钱聘请;同时,猫与蝴蝶谐音“耄耋”,象征长寿富贵。

陆游(1125—1210年),宋代爱国诗人、词人。字务观,号放翁,越州山阴(今浙江绍兴)人。少时受家庭爱国思想熏陶,高宗时应礼部试,为秦桧所黜。孝宗时赐进士出身。中年入蜀,投身军旅生活,官至宝章阁待制。晚年退居家乡,但收复中原信念始终不渝。他具有多方面文学才能,尤以诗的成就为最,在生前即有“小李白”之称,不仅成为南宋一代诗坛领袖,而且在中国文学史上享有崇高地位,存诗9 300多首,是文学史上存诗最多的诗人,内容极为丰富,抒发政治抱负,反映人民疾苦,风格雄浑豪放;抒写日常生活,也多清新之作。

项目四 常见犬种的美容方法

◆ 项目描述

本项目为宠物美容师必须掌握的核心知识，内容包括贵宾犬、比熊犬、博美犬、雪纳瑞犬和西施犬的美容造型修剪技术。

◆ 学习目标

知识目标

1. 了解不同犬种的被毛特点。
2. 识别常用的美容工具（如梳子、刷子、剪刀、电推剪、趾甲剪等）的种类、用途及使用方法。
3. 掌握基本美容步骤与技巧。

能力目标

1. 具有独立完成犬只基本美容护理的能力，包括梳理被毛、洗澡、修剪趾甲等，并能根据不同犬种的特点进行个性化的美容处理。
2. 具有解决美容过程中出现的问题（如打结严重、皮肤敏感等）的能力。
3. 具有良好的沟通交流与协作能力。

素质目标

1. 能够更加深入地了解宠物的需求和感受，培养对宠物的爱心和耐心。
2. 能根据自己的审美和创意，设计出独特的宠物造型和风格，提高审美能力和创造力。

情境导入

一天，顾客带着自己的爱犬来到宠物店，让美容师给爱犬设计一款可爱的造型。于是，美容师给顾客展示了几张照片，请顾客挑选自己喜欢的造型。接下来，美容师需要按照客户的要求完成造型修剪工作。

任务一　贵宾犬造型修剪

一、贵宾犬运动装造型修剪

操作视频　贵宾犬运动装造型修剪

（一）使用工具

工具包括排梳、针梳、吹风机、电剪、直剪、弯剪等。

（二）准备工作

（1）被毛梳理　用针梳梳理全身被毛，直至将全身被毛梳顺，再用排梳梳理。

（2）眼睛护理　用洗眼液滴洗眼部。

（3）耳道护理　先拔耳毛，再清洗耳道。

（4）趾甲修剪　对趾甲进行修剪。

（5）洗澡与吹干　洗澡后用拉毛机拉直被毛。

（6）剃腹毛、脚底毛、肛门部位的毛　用电剪将腹毛剃干净，公犬剃成倒“V”形，母犬剃成倒“U”形。将脚底毛、肛门部位的毛修剃干净。

（三）修剪方法

1. 电剪修剪

（1）脚部修剪　用便携电剪或美容电剪（15 号刀头）从趾甲开始，逆毛方向，向上剃除脚掌顶部及两侧被毛，剃至掌骨。同时剃除脚趾间、脚垫间和脚垫周围的被毛。修剃后，脚趾间与脚掌无杂毛，使脚垫暴露出来。

（2）脸部修剪　用便携电剪或美容电剪（15 号刀头），首先，在外眼角至上耳根之间剃一条直线，剃除耳朵前部所有的毛发，继续剃除脸颊及脸两侧的毛发。其次，在两眼之间将电剪刀头向着内眼角的方向剃一个倒“V”形，将鼻梁和嘴周围毛发剃除干净。最后，抬起犬的头部，从两端的下耳根至喉结下两指宽剃成“V”形的项链状。

（3）尾巴修剪　一只手轻提犬的尾巴，另一只手用电剪（15 号刀头）倾斜逆毛修剃尾根剃至尾根与身体的结合点为止。修剪完一侧，再剃另一侧，使修剪的部位呈倒“V”形，将尾部约 1/3 的毛发修剃干净。可以根据尾巴的长短，通过调整修剪的长度调整尾巴毛球的位置。

2. 直剪修剪

（1）脚圆修剪　用梳子将脚踝处的毛垂直向下梳，沿脚踝修剪成一个圆形的袖口，脚圆修剪角度为 45°。

(2)股线修剪　以尾根为中心，剪刀倾斜30°进行圆形修剪，使接近尾根的臀部被毛形成一个斜面。根据留毛的长度确定斜面大小。

(3)背线修剪　将直剪与背部平行，从臀部到背部修剪一段背线，从背部延伸到肩部毛发逐渐增长。背部两侧的被毛都以背线为基准，呈放射状修剪。如果背部不规则，可以通过修剪来弥补。

(4)后肢修剪　沿着背线和股线向下修剪后肢被毛，将两条腿之间的杂毛修剪整齐。后腿应保持适当的弯曲度，在跗关节处修出45°转折，腿部要修剪成平滑的曲线，以达到平衡的状态。

(5)腹线修剪　沿着背线向下向前，呈放射状修剪腹部，腹线修成后高前低的斜线。

(6)前肢修剪　由背线剪至肩部，再过渡到前肢，将前肢修剪成圆柱形，注意将前肢内侧的毛发修剪干净，与下腹部的毛自然衔接。如果两前肢间距不正常，可以通过修剪来弥补。

(7)前胸修剪　以胸骨最高点为中心呈放射状修剪，使前胸浑圆，突出贵宾犬挺胸抬头的高贵气质。颈部与前胸的被毛自然衔接。

(8)头冠修剪　将盖在眼上方的毛发修剪干净，额前至头顶部的被毛做弧度修剪，然后从头顶至颈部自然过渡到背部，将头冠修剪成圆形，丰满有立体感。

(9)耳部修剪　耳部饰毛梳理后修剪整齐。

(10)尾巴修剪　将尾巴的饰毛旋转拧成一束，根据尾巴长度和毛量的多少，用直剪将末端剪掉，再做圆形修剪，也可用弯剪修剪。

(11)整体修剪　贵宾犬整体修剪造型要对称、平衡，体现出身体各部分的比例关系(图4-1)。

图4-1　运动装修剪

二、贵宾犬泰迪装造型修剪

操作视频　贵宾犬泰迪装造型修剪

(一)使用工具

工具包括排梳、针梳、吹风机、电剪、直剪、弯剪等。

(二)准备工作

(1)被毛梳理　用针梳梳理全身被毛,直至将全身被毛梳顺,再用排梳梳理。

(2)眼睛护理　用洗眼液滴洗眼部。

(3)耳道护理　先拔耳毛,再清洗耳道。

(4)趾甲修剪　对趾甲进行修剪。

(5)洗澡与吹干　洗澡后用拉毛机拉直被毛。

(6)剃腹毛、脚底毛、肛门部位的毛　用电剪将腹毛剃干净,公犬剃成倒“V”形,母犬剃成倒“U”形。将脚底毛、肛门部位的毛修剃干净。

(三)修剪方法

(1)脚圆修剪　修剪脚底毛发,使脚部圆润;剪刀倾斜 45°,沿前、后肢的脚边线修剪一圈。

(2)股线修剪　以尾根为起点,剪刀倾斜 45°,向坐骨末端方向修剪。

(3)背线修剪　直剪与背部保持平行,沿背部线条修剪。

(4)臀部修剪　直剪尖端向前倾斜 45°,修剪至膝关节后方,将此处两个 45°形成的直角修圆;再用直剪将尾根到坐骨的毛发剪出弧度,让臀部显得圆滑丰满,后躯整体呈倒“U”形。

(5)后肢修剪　用直剪将后肢修成圆柱形,与臀部自然衔接,保持线条流畅;根据整体形态调整腿型和粗细。

(6)前胸修剪　沿与喉结平行的线条修剪,区分头部与胸部;向前胸部下方延伸,将前胸修成“一字形”,胸部及侧面修剪出圆形曲线;剪刀再向下倾斜 45°,修剪至肘关节前侧。

(7)前肢修剪　前肢垂直向下修剪,整体修成圆柱形;抬起犬的前腿,倾斜剪刀修剪胸部与下腹线,在身体后 2/3 处修出腰线。

(8)头部修剪　剪刀倾斜 45°,从嘴部两侧修剪至耳根;翻起耳朵,从嘴部由下向上修剪至上耳根;清理眼睛上方的毛发,头顶修成圆形;嘴部修呈面包状,清理上嘴唇的毛发,呈现“微笑”形态。

(9)颈部修剪　剪刀从头部向下倾斜 45°,沿颈线修剪。

(10)耳朵修剪　耳朵毛发可根据需求留长或剪短,如图 4-2 所示。

图 4-2　贵宾犬泰迪装造型修剪

任务二　比熊犬造型修剪

▶ 操作视频
比熊犬造型修剪

一、使用工具

工具包括排梳、电剪、直剪、牙剪等。

二、准备工作

(1)被毛梳理　用针梳梳理全身被毛,直至将全身被毛梳顺,再用排梳梳理。

(2)眼睛护理　用洗眼液滴洗眼部。

(3)耳道护理　先拔耳毛,再清洗耳道。

(4)趾甲修剪　对趾甲进行修剪。

(5)洗澡与吹干　洗澡后用拉毛机拉直被毛。

(6)剃腹毛、脚底毛、肛门部位的毛　用电剪将腹毛剃干净,公犬剃成倒"V"形,母犬剃成倒"U"形。将脚底毛、肛门部位的毛修剃干净。

三、修剪方法

（1）脚圆修剪　提起前后肢，将脚边毛发修剪整齐；放下犬肢后，沿脚的边缘修剪出圆润的轮廓线。

（2）坐骨平面修剪　用直剪将尾根上方 2 cm 处的毛发剪短；以尾根为中心，用直剪倾斜 30°修剪出一个斜面，使臀部整体呈现浑圆的形状。

（3）背线修剪　根据毛发量和身体比例，从臀部到背部水平修剪出一条平整的背线。

（4）后肢修剪　从坐骨到脚面垂直向下修剪毛发至膝关节后方；从臀部向后肢以弧度过渡修剪，确保后肢与臀部的毛发自然融合、浑然一体，跗关节处修剪出流畅的弧度。

（5）腰部修剪　用直剪将臀部和背线的毛发自然过渡到腰部，腰部毛发适当收细；腹部修剪成圆弧状，使躯干部与后腿衔接自然。

（6）腹部修剪　将腹部毛发修剪成圆形，让侧腹部与正腹部自然衔接；腹线略提高，修剪成前低后高的斜线；胸部至腹部整体修出圆弧状，注意保持胸、腹部位的自然过渡。

（7）前肢修剪　参照后肢的形态调整前肢，从肩部开始自然过渡，将前肢修剪成圆柱状；足部毛发修剪至能清晰看到脚趾的程度。

（8）前胸修剪　从肩部到前肢外侧沿直线向下修剪；胸部毛发修剪得圆润饱满，在胸部与前肢的交界处修剪出自然曲线，以凸显前胸丰满、腿部修长的效果，确保前胸与前腿衔接流畅。

（9）头部修剪　将两眼之间的毛发剪短，眼线修剪得顺畅清晰；从头前部到后脑的过渡要圆滑自然；耳朵与头部的毛发融合为一体，隐藏在毛发中；下颌边线与头部轮廓贴合，整体将头部修剪成圆形。

（10）颈部修剪　将犬的颈部拉直，从头部到肩部、背部沿直线过渡，与背线自然融合，使头部与颈部衔接流畅。

（11）整体修剪　最后调整头、颈、躯干、四肢的毛发，确保各部位协调统一，使比熊犬整体造型浑圆饱满，如图 4-3 所示。

图 4-3　比熊犬造型修剪图

任务三 博美犬造型修剪

一、使用工具

工具包括排梳、电剪(10 号刀头)、直剪、牙剪等。

二、准备工作

(1)被毛梳理　用针梳梳理全身被毛,直至将全身被毛梳顺,再用排梳梳理。

(2)眼睛护理　用洗眼液滴洗眼部。

(3)耳道护理　先拔耳毛,再清洗耳道。

(4)趾甲修剪　对趾甲进行修剪。

(5)洗澡与吹干　洗澡后用拉毛机拉直被毛。

(6)剃腹毛、脚底毛、肛门部位的毛　用电剪将腹毛剃干净,公犬剃成倒"V"形,母犬剃成倒"U"形。将脚底毛、肛门部位的毛修剃干净。

三、修剪方法

(1)臀部修剪　用直剪将尾根部周围的被毛剪短 2～3 m。倾斜 45°修剪至坐骨末端,衔接肛门电剪修剃部位。

(2)后肢修剪　将逆毛梳起,用直剪将臀部修圆,大腿至跗关节修圆,将大腿修成鸡腿状;跗关节向下修齐即可,不能剪得过短,适量的毛有修饰腿部的作用。

(3)胸部修剪　犬两前肢正常平行站立将胸部毛挑起,用直剪从上向下、从右向左剪出两个圆,胸下部的最低点在肘关节,向后至腹部,胸部不能收窄,应浑圆饱满。前胸修剪最高点要在胸骨的斜上方,要给人以挺胸抬头的感觉,胸部要修剪得饱满,不可修剪成扁直状。

(4)腹线修剪　用直剪从后肢大腿处沿下腹部曲线修剪至前肢饰毛,平行修剪下腹部,并修成弧形的腹线。

(5)前肢修剪　将前肢剪成小圆柱状,垂直于地面,前脚修剪成圆形。

(6)尾巴修剪　将尾巴翻到背上,将毛发分开做扇形梳理,沿其身体宽度做扇形修剪,最终的效果应以不遮盖身体两侧为准。

(7)面部修剪　用手固定犬的头部,修剪嘴部以下的被毛,嘴部周围的被毛要修剪干净,让嘴部看起来整洁,脸部胡须也应剪掉。

(8)耳朵修剪　耳根处的毛应与头顶部及颊部的毛相连接,呈圆形。

(9)整体修剪　用牙剪整体修剪,将参差不齐的毛修顺,形成浑圆、利落、可爱的造型(图 4-4)。

操作视频 博美犬造型修剪(一)

操作视频 博美犬造型修剪(二)

操作视频 博美犬造型修剪(三)

图 4-4　博美犬造型修剪

任务四　雪纳瑞犬造型修剪

一、使用工具

工具包括排梳、针梳、美容电剪(7 号、10 号、15 号刀头)、直剪、牙剪等。

二、准备工作

(1)被毛梳理　用针梳梳理全身被毛，直至将全身被毛梳顺，再用排梳梳理。

(2)眼睛护理　用洗眼液滴洗眼部。

(3)耳道护理　先拔耳毛，再清洗耳道。

(4)趾甲修剪　对趾甲进行修剪。

(5)洗澡与吹干　洗澡后用拉毛机拉直被毛。

(6)剃腹毛、脚底毛、肛门部位的毛　用电剪将腹毛剃干净，公犬剃成倒“V”形，母犬剃成倒“U”形。将脚底毛、肛门部位的毛修剃干净。

三、修剪方法

(一)电剪修剪

(1)头部修剪　用10号刀头，从眉骨后一指处顺毛剃至枕骨处，两侧剃到外眼角与上耳根连接处。

(2)面部修剪　用10号刀头逆毛剃，从上耳根外向外眼角剃成一条直线，剃至眼角后一指及嘴角后一指，再由外眼角垂直向下剃至下颌。

(3)颈部修剪　用10号刀头，从下耳根处顺毛向下剃至胸骨上2指，剃成“V”形；下颌剃至胡须边缘。

(4)耳部修剪　用15号刀头，顺毛将耳朵内外侧毛剃除，耳孔周边毛可逆毛剃掉。

(5)躯体修剪　用7号刀头，顺毛由枕骨至尾尖。从胸骨顺毛剃至前肘后侧上1～2指，从前侧后侧依次向后剃斜线至腰窝，腰窝至后腿侧面剃斜线到跗关节上3～4指。

(6)前胸修剪　用7号刀头，从胸骨上2指剃至胸底。

(7)后躯修剪　用10号刀头，从肛门向上逆毛刺至尾尖，肛门向下顺毛剃至生殖器，坐骨顺毛剃直线到膝关节后方。

(二)直剪修剪

(1)前肢修剪　用直剪从肘关节向脚尖修剪出直线，内侧同样修剪直线至桌面，肘后方也修出直线，最终使前肢呈现保龄球瓶形或圆柱形；修剪脚部时，将剪刀端平沿脚圈剪一圈，再把脚圈与前肢的衔接处修圆，确保脚部与地面呈25°角。

(2)腹部修剪　将侧腹部的毛发向下梳理，修剪成前低后高的整齐斜线；体侧饰毛与后腿前侧的连接处，修剪出向上的弧度。

(3)后肢修剪　后肢外侧用直剪向下修剪,使其接近圆柱形;后肢前方从大腿处向脚尖修剪出斜线;从膝关节到跗关节修出半圆形,后肢内侧修剪直线,跗关节需垂直于桌面,后脚跟与地面呈 45°角。

(4)耳部修剪　修剪时手指轻按耳郭,用剪刀将耳边缘的碎毛剪整齐,同时剪去耳朵周围的所有绒毛。

(5)眉毛修剪　将直剪尖端指向鼻端,剪刀开合部贴住外眼角后端的脸颊处,在眉毛位置一次性修剪,使两边眉毛呈现上长下短的形态;左右眉毛修剪方式一致,保持长度相同。

(6)胡须修剪　将胡须向两侧梳齐,剪掉鼻梁上方的杂毛,把胡须修剪得略圆,同时保留胡须原有的长度。

(三)整体修剪要求

整体造型完成后,要凸显出犬只机警、勇敢、活力充沛、友好亲切、聪明伶俐、可爱讨喜、热情活泼的特质,如图 4-5 所示。

图 4-5　雪纳瑞犬造型修剪

四、修剪注意事项

(1)电剪修剪时注意每一部位的修剪界限,按照要求更换刀头。

(2)电剪修剪时要注意运剪方向,颈部和背部的毛要按毛的生长方向从背部开始,向左、向右顺序修剪。

(3)头顶、眼部及耳部的饰毛,要修剪得短且整齐。

(4)胡须要修剪整齐,匀称美观。

(5)尾部过长的毛要适当修剪,但不能剪得太短。

(6)四肢内侧的毛要修剪整齐。

(7)电剪与直剪修剪部分要衔接自然。

操作视频　雪纳瑞犬造型修剪(一)

操作视频　雪纳瑞犬造型修剪(二)

任务五　西施犬造型修剪

一、使用工具

工具包括排梳、针梳、直剪、牙剪、小剪刀、电剪(4 号、5 号、10 号、15 号刀头)。

二、准备工作

(1)被毛梳理　用针梳梳理全身被毛，直至将全身被毛梳顺，再用排梳梳理。

(2)眼睛护理　用洗眼液滴洗眼部。

(3)耳道护理　先拔耳毛，再清洗耳道。

(4)趾甲修剪　对趾甲进行修剪。

(5)洗澡与吹干　洗澡后用拉毛机拉直被毛。

(6)剃腹毛、脚底毛、肛门部位的毛　用电剪将腹毛剃干净，公犬剃成倒“V”形，母犬剃成倒“U”形。将脚底毛、肛门部位的毛修剃干净。

三、修剪方法

(一)电剪修剪

(1)用电剪 10 号或 15 号刀头剃除肛门周围及向上 3 cm 左右的被毛。

(2)头放平，使用 4 号或 5 号刀头，从枕骨后两指沿背部顺毛剃至尾根，从耳后剃颈部两侧，从背部顺毛剃至侧腰部。

(二)直剪修剪

(1)脚圆修剪　剪刀倾斜 45°修剪脚边线一圈，将后脚边修剪成圆形，脚边毛不可长至地面。

(2)臀部修剪　剪刀倾斜 45°修剪至坐骨末端，衔接肛门电剪部位，刀尖向下指向膝关节后方 45°修剪，将两个 45°形成的直角修剪圆滑，将后躯修剪成倒“U”形。

(3)后肢修剪　保护好生殖器，修剪大腿内侧，调整腿型、粗细并做整体修剪，使腿呈圆柱形，后肢外侧用梳子将被毛挑起，修剪成整齐的垂直线，后肢的前侧也要修剪整齐。

(4)头部修剪　找出喉结位置，平行修剪下颌，把胸部与头部区别开来。耳朵翻起，剪刀倾斜45°修剪至后耳；细修脸部一侧，并将耳孔处耳毛修剪干净，直至上耳根，呈圆形。

(5)胸部修剪　胸部修剪成小圆胸，至肘关节前方，并与5号电剪修剪处衔接。

(6)前肢修剪　前肢前侧垂直向下修剪，整体为圆柱形，正望前胸为“大酒瓶”形，前肢外侧和肩胛衔接处修剪成垂直线，将前肢抬起修剪，将胸部的饰毛修剪成微微的弧形至胸底，身侧由上至下修剪成圆弧形，使胸毛、腹毛衔接，后肢与腹部衔接处要做弧度处理。

(7)头部修剪　将头部顶毛向前梳理后，修剪成半圆形，将鼻梁上方至内眼角处的被毛修剪干净整齐，以鼻头为中心将嘴角毛发呈放射状梳理并修剪成圆形。

(三)牙剪修剪

(1)用牙剪将下颌修剪成圆弧形，将耳朵翻下，将头顶被毛用牙剪剪至合适长度。

(2)衔接头顶、耳部及头顶直剪预留的2指处。

(四)整体修剪

修剪后的西施犬，尾部与耳部可根据客户要求处理，并可用装饰物进行装饰(图4-6)。

图4-6　西施犬造型修剪

操作视频　西施犬造型修剪(一)

操作视频　西施犬造型修剪(二)

操作视频　西施犬造型修剪(三)

课后知识巩固

1. 描述贵宾犬的标准美容造型，包括哪些部位需要修剪，以及如何保持其毛发的蓬松度和卷度。

2. 写出比熊犬的毛发需要怎样的日常护理，详细说明其美容步骤，包括修剪面部毛发和打造圆形身体轮廓的方法。

3. 简述雪纳瑞犬特有的"胡须"和"眉毛"应如何修剪以保持其品种特征，同时，描述其身体毛发的修剪要点。

思政小天地——中国古诗词中的"汪星人"

《归园田居》为著名诗人陶渊明所作，共 5 首，描写了诗人重归田园时的新鲜感受和由衷的喜悦。在诗人的笔下，寻常的农家景象无不是迷人的诗情画意。诗人在用白描的手法描绘田园风光的同时，也巧妙地在其中融入自己的生活理想、人格情操。

归田园居　其一

晋・陶渊明

少无适俗韵，性本爱丘山。
误落尘网中，一去三十年。
羁鸟恋旧林，池鱼思故渊。
开荒南野际，守拙归园田。
方宅十余亩，草屋八九间。
榆柳荫后檐，桃李罗堂前。
暧暧远人村，依依墟里烟。
狗吠深巷中，鸡鸣桑树颠。
户庭无尘杂，虚室有余闲。
久在樊笼里，复得返自然。

赏析：年少时没有投合世俗的本性，生性本来就爱好山野。错误地陷入官场的罗网中，一去就是三十年。被束缚的鸟儿依恋居住过的树林，养在池中的鱼儿思念生活过的深潭。到南边的山野里去开荒，坚守着愚拙的本性回家耕种田园。住宅四周有十多亩地，茅草房子有八九间。榆树、柳树遮蔽着后檐，桃树、李树罗列在堂前。远远的住人村落依稀可见，村落里的炊烟随风轻柔地飘扬。狗在深巷里叫，鸡在桑树顶鸣。门庭里没有世俗琐杂的事情烦扰，空房中有的是安闲自在。长久地困在牢笼一样的官场里,现在总算又能够回归大自然了。

陶渊明(365—427 年),名潜,字元亮,别号五柳先生,世称靖节先生,一说寻阳郡柴桑县(今江西九江)人,另一说江西宜丰人,杰出的诗人、辞赋家、文学家。被誉为“隐逸诗人之宗”“田园诗派之鼻祖”,文学巨匠。曾任江州祭酒、建威参军、镇军参军、彭泽县令等职,最末一次出仕为彭泽县令,八十多天便弃职而去,从此归隐田园。

项目五 宠物犬的特殊美容技术

◆ 项目描述

本项目内容属于宠物美容辅助项目，包括宠物的染色技术、包毛技术、SPA 水疗护理等特殊美容操作。

通过本项目的学习，学生可以掌握宠物犬染色、包毛、SPA 水疗护理技能，为从事宠物健康护理、宠物美容等工作做好准备。

◆ 学习目标

知识目标：

1. 掌握宠物犬染色技术的原理及染色要领，能为宠物犬进行毛发染色造型。
2. 掌握宠物犬包毛的方法，能为宠物犬进行包毛以达到保护毛发和美化宠物的目的。

能力目标：

1. 掌握宠物犬 SPA 水疗护理的方法和注意事项，能够顺利完成 SPA 水疗操作。
2. 能够根据宠物犬不同身体特点和需求制订合理方案、完成特殊美容护理。

素质目标：

1. 能正确使用宠物犬特殊美容工具及美容设备，同时养成对工具与设备进行保养与消毒的良好习惯。
2. 能够从动物福利出发树立宠物美容师职业素养，做好宠物美容服务工作。

任务一　宠物的染色技术

情境导入

一天上午，宠物美容院来了一位女士，拿出手机给宠物美容师展示了一个宠物犬染色造型的视频，视频中宠物犬背部图案艳丽动人。她要求宠物美容师为自己的爱犬做染色造型，说自己的父母很喜欢自己的宠物犬，要给他们一个惊喜。如何根据犬的毛色和毛发特点设计让顾客满意的染色造型呢？

一、准备工作

微课　宠物的染色技术

（1）准备好宠物专用染色膏、染色刷、染色碗、塑料手套、排梳、宠物用橡皮筋、分界梳、塑料袋或保鲜膜、锡纸、发夹等染色用品和工具。

（2）为需要染色的宠物犬进行清洁美容。

二、操作方法

操作视频　犬的染色

（一）常用染色方法

1. 设计造型

根据宠物的品种和宠物的自身特点为宠物进行造型设计，如要在身体上进行局部染色，应先修剪出造型的图案。

2. 分区

将需要染色的被毛与不需要染色的被毛分开，分界处的毛根部用分界梳分好，利用保鲜膜进行分隔，以防止在染色的过程中将染色膏染到不需要染色的被毛上，影响整体效果。还可以在染色区域周围涂抹专业的防护膏，如果没有防护膏可以用护毛素代替，防止染色区域周围的被毛被染。

3. 调色

将需要的染色膏倒入染色碗中，如需调色，则按调色卡的说明将几种不同颜色的基色染色膏或媒介调和膏搅拌均匀，调出所需的颜色。

4. 染色

用染色刷蘸取适量染色膏涂抹在需要染色的毛发上。如果要染单一的基色，也可将染色膏直接挤在需要染色的毛发上用染色刷将染色膏均匀刷开。为了得到好的染色效果，染色时要不时地用排梳梳一下，也可用分界梳将染好的一小层被毛与未染好的被毛分开，分层进行染色。注意要保证每根被毛上都被均匀染色。

5. 包裹固定

用锡纸将染色的部位包裹好，同时用发夹将已染好的毛发扎好(注意橡皮筋不能扎得过紧，保证血液流通顺畅)。固定 30 min。为加快染色速度，可用吹风机加热 10～15 min，在加热时不要让风筒离被毛太近，防止损伤被毛。

6. 其他部位染色

用同样的方法将身体其他部位要染色的被毛分离、刷毛、包裹固定，30 min 后，冲洗吹干。

7. 冲洗梳理

打开锡纸，将染色部位用清水冲洗干净，再彻底吹干，梳理通顺。

8. 修整造型

按照设计好的造型，进一步将各部分精细修剪“雕刻”，使设计造型更有立体感。

(二)快染彩盒染色

直接将快染粉，也就是一次性染粉，涂抹于宠物所要展示部位的毛发上。也可以先将宠物要染色部位的毛发微微打湿，再将快染粉揉搓于此处，完成后用毛刷轻轻梳刷。这种暂时性染色经 1～2 次水洗即可完全清除。

三、宠物染色用品简介

(一)染色膏

宠物用染色膏一般是由几种不同颜色的染色膏组成一套，刺激性很小。高质量的染色性能和显色性能让染色膏显现出丰富的色彩，并通过各种不同颜色染色膏的混合调配出其他颜色，使宠物被毛更加光亮。如贝特爱思系列染色膏，包含了 7 种鲜艳的基色染色膏和 4 种媒介调和膏，通过改变基色染色膏和媒介调和膏的配比，调出各种颜色，能满足宠物主人的喜好和美容师对不同造型的染色需求。

(二)媒介调和膏

媒介调和膏有媒介透明膏、媒介灰色膏、媒介黑灰色膏和媒介黑色膏 4 种类型。其中媒介透明膏主要是通过与其他颜色染色膏混合以改变染色膏的透明度，使其发生不同的变化。媒介灰色膏、媒介黑灰色膏、媒介黑色膏 3 种媒介调和膏主要是通过与其他颜色染色膏的混合改变染色膏的色彩明暗度，使色彩发生变化。

(三)染色颜色对比卡

有些染色膏会配有颜色对比卡，卡片上罗列出各种不同基色染色膏和媒介调和膏按照不同液度梯度配比形成的一系列颜色。方便美容师观察各种不同颜色的染色膏在混合后显现的颜色，将可能出现的色差情况事先告知宠物主人，避免因染色后出现的色差而引起纠纷。

(四)去除液

在染色过程中，由于不小心或误操作会出现将染色膏染到不应染色的区域的情况，从而影响染色的效果，可以使用去除液将误染色区域的染色膏清除，尽可能保证染色的效果。

(五)防护膏

在染色前将染色区域和不染色区域的边界用防护膏涂抹，可以防止在染色过程中将染色膏染到不染色的区域。如果在染色过程中不小心将染色膏染在不染色的区域，有防护膏的保护，不染色的区域也不容易着色，在染色后进行清洗时染色膏也极易洗掉，可有效保护被毛。

(六)染色刷

专业的染色刷既能在染色的过程中刷拭上色，又能利用其梳齿的一面在为宠物染色的过程中不断地梳理，保证染色区域的每一根被毛都着色，并且染色均匀。另外，染色刷手柄部位圆钝的一端可以用来分界，将宠物的染色区域和不染色区域分开，保证染色时不互相污染。

(七)染色碗

染色碗是在染色的过程中用来盛装和混合染色膏的工具，为了节约染色膏，最好每种染色膏固定用一个染色碗。

(八)宠物染色造型图

宠物染色造型图是将宠物染色造型后的效果用图片展示出来，为顾客提供宠物染色后的效果参考，方便顾客根据宠物染色造型图进行选择或能根据宠物染色造型图来描述自己的要求和想法。

(九)快染彩盒

快染彩盒是一种暂时性染色粉，色彩明亮生动、充满活力，不会对宠物的毛发造成任何的损害；亲和力强，能很好地贴附在宠物的毛发上。无论是深色毛发还是浅色毛发都可以使用，水洗即可去除。

(十)其他用品

1. 锡纸

在染色过程中，涂抹完染色膏后，将染色部位用锡纸进行包裹，可以减少被毛营养和水分等的流失。在用吹风机吹风时，用锡纸包裹可以更快地使染色膏附着在被毛上，并确保被毛不会被烤焦。

2. 保鲜膜

如果没有锡纸，还可将染色后的部位用保鲜膜包裹，尤其是四肢等不方便用锡纸包裹的部位。同时，利用保鲜膜将染色区域和不染色区域分隔开，可防止染色区域和不染色区域的被毛间互染。

3. 一次性塑料手套

宠物染色膏的着色能力强，不容易脱落，如果沾在手上，不容易洗掉。因此，为了防止手上沾上染色膏，在染色操作过程中要戴上手套，为了安全和卫生，一般都使用一次性塑料手套。

4. 宠物专用橡皮筋或发夹

在为宠物染色，并将染色部位包裹完毕后，为了防止锡纸、保鲜膜脱落，要用宠物专用橡皮筋或发夹扎好固定，注意要扎得松紧适当，不能扎得太紧，也不能扎得太松。

四、色彩搭配常识

色彩搭配分为两大类：一类是对比色搭配；另一类则是协调色搭配。其中对比色搭配分为强烈色配合和补色配合；协调色搭配又可以分为同色系搭配和近似色搭配。

（一）强烈色配合

指两个相隔较远的颜色的配合，如黄色与紫色、红色与青绿色，这种配色比较强烈。日常生活中，常看到的是黑、白、灰与其他颜色的搭配。黑、白、灰为无色系，所以，无论与哪种颜色搭配，都不会出现大的问题。一般来说，同一种色如果与白色搭配时，会显得明亮；与黑色搭配时，就显得昏暗。

因此，在进行色彩搭配时应先衡量一下需要突出哪个部分，不要把沉着色彩搭配在一起。例如，深褐色、深紫色与黑色搭配，会和黑色呈现“抢色”的效果，而且整体表现也会显得沉重、昏暗无色。黑色与黄色是最抢眼的搭配，红色与黑色的搭配则显得非常隆重。

（二）补色配合

指两个相对颜色的配合，如红色与绿色、青色与橙色、黑色与白色等。补色相配能形成鲜明的对比，有时会收到较好的效果，黑白搭配是永远的经典。

（三）同色系搭配

指深浅、明暗不同的两种同色系颜色相配，例如，青色配天蓝色，墨绿色配浅绿色、咖啡色配米色、深红色配浅红色等。其中，粉红色系的搭配，能让宠物看上去可爱很多。

(四)近似色搭配

指两个比较接近的颜色相配，如红色与橙红色、紫红色，黄色与草绿色、橙黄色。绿色和嫩黄色的搭配给人一种清爽的感觉，整体显得非常素雅。纯度低的颜色更容易与其他颜色相互协调，增加和谐亲切之感。

五、色彩搭配的配色原则

(一)色调配色

色调配色指具有某种相同性质(冷暖调、明度、艳度)的色彩搭配在一起，色相越全越好，最少也要3种色相以上，例如，同等明度的红色、黄色、蓝色搭配在一起。彩虹就是很好的色调配色。

(二)近似配色

近似配色指选择相邻或相近的色相进行搭配。这种配色因为含有三原色中某一共同的颜色，所以很协调；因为色相接近，所以也比较稳定。如果是单色相的浓淡搭配则称为同色系配色。出彩搭配如紫色配绿色、紫色配橙色、绿色配橙色。

(三)渐进配色

渐进配色指按色相、明度、艳度三要素之一的程度高低依次排列颜色。特点是，即使色调沉稳，也很醒目，尤其是色相和明度的渐进配色。既是色调配色，也属于渐进配色。

(四)对比配色

对比配色指用色相、明度或艳度的反差进行搭配，有鲜明的强弱对比。其中明度的对比给人明快清晰的印象，可以说，只要有明度上的对比，配色就不会太失败，如红色配绿色、黄色配紫色、蓝色配橙色。

(五)单重点配色

单重点配色是指搭配在一起的两种不同颜色在所占面积上形成较大反差。“万绿丛中一点红”就是一种单重点配色。其实，单重点配色也是一种对比，相当于一种颜色作底色，另一种颜色作图形。

(六)分隔式配色

如果两种颜色比较接近，看上去互不分明，可以靠对比色加在这两种颜色之间增加强度，整体效果就会很协调。最简单的加入色是无色系的颜色以及米色等中性色。

(七)夜配色

严格来讲,这不算是真正的配色技巧,但很实用。高明度或鲜亮的冷色与低明度的暖色配在一起,称为夜配色或影配色。特点是神秘、遥远,充满异国情调、民族风情,如翡翠松石绿色配黑棕色。

六、色彩搭配的规律

色彩搭配既是一项技术性工作,又是一项艺术性很强的工作。因此,设计者在设计时除了考虑宠物本身的特点外,还要遵循一定的规律。

(一)特色鲜明

宠物染色的用色必须要有自己独特的风格,这样才能显得个性鲜明,给人留下深刻印象。

(二)搭配合理

颜色搭配在遵循艺术规律的同时,还要考虑宠物的性别、年龄等特点,色彩搭配一定要合理,给人一种和谐、愉快的感觉,避免采用纯度很高的单一色彩,这样容易造成视觉疲劳。

(三)讲究艺术

宠物形象设计也是一种艺术活动,因此,必须遵循艺术规律,在考虑到宠物本身特点的同时大胆进行艺术创新,设计出既符合宠物主人的要求又有一定艺术特色的宠物形象。

七、注意事项

(一)染色注意事项

(1)要染色的宠物最好是白色的。在染色前一定要确保宠物的被毛完全梳理通顺。

(2)染色膏染出的颜色效果由宠物被毛的底色和毛质决定,实际染出的颜色不一定和色板颜色一样或接近。因此,一定要事先告知宠物主人,以防出现纠纷。

(3)如果要给宠物进行全身染色,一般按照背部、四肢、尾巴、头部的顺序进行,以防先染头部后,宠物耳朵乱动,将染料染到身体其他部位。

(4)在染全身时,为避免出现色差,最好一次性准备好足够的染色膏,如果染色膏不够,可将耳朵和尾巴染成不同的颜色。

(5)有皮肤病或外伤的宠物不能进行染色。

(6)在染色过程中尽量不要染在宠物皮肤上。

(7)扎橡皮筋时一定要扎在有毛处,不能扎在裸露的皮肤上,并且不能扎得过紧,以免血液不流通,造成坏死。

(8)染何种颜色,除了宠物主人的要求外,还取决于季节、性别等因素。

(9)宠物在染色后,不能用白毛专用洗毛液洗澡,以防颜色变淡。

(二)色彩搭配注意事项

(1)使用单色　尽管在设计上要避免采用单一色彩,以免产生单调的感觉,但通过调整色彩的明暗变化可以使颜色产生变化,使整体色彩避免单调。

(2)使用邻近色　所谓邻近色,就是在色带上相邻近的颜色,例如绿色和蓝色、红色和黄色就互为邻近色。采用邻近色也可以避免色彩杂乱。

(3)使用对比色　可以突出重点,产生强烈的视觉效果。通过合理使用对比色能够使宠物特色鲜明。在设计时一般以一种颜色为主色调,对比色作为点缀,可以起到画龙点睛的作用。

(4)黑色的使用　黑色是一种特殊的颜色,如果使用恰当设计合理往往产生很强烈的艺术效果。黑色一般用来作为背景色与其他纯度色搭配使用。

(5)色彩的数量　一般初学者在设计宠物染色形象时往往使用多种颜色,使宠物变得很“花”,缺乏统一和协调性,缺乏内在的美。事实上,宠物染色时的用色并不是越多越好,一般应控制在三种色彩以内,通过调整色笔的各种属性来达到较好的效果。

课后知识巩固

一、选择题

1. 宠物染色前,最重要的准备工作是(　　)。

A. 选择合适的染料颜色　　B. 确保宠物健康状况良好

C. 准备染色工具　　D. 设定染色图案

2. 下列哪项不是宠物染色时需要考虑的因素?(　　)

A. 宠物的毛发类型　　B. 染料的成分和安全性

C. 宠物的年龄和性别　　D. 宠物的个性喜好

3. 宠物染色后,为了保持颜色鲜艳,以下哪项措施是不必要的?(　　)

A. 定期为宠物洗澡　　B. 使用专门的护色产品

C. 避免宠物接触强日光　　D. 频繁使用漂白剂清洁毛发

二、简答题

1. 简述宠物染色前需要进行的准备工作有哪些?

2. 宠物染色过程中,如何确保染料不会接触到宠物的眼睛、耳朵或口鼻等敏感部位?

3. 宠物染色后,如何进行护理以维持颜色的持久性和美观度?

三、案例分析题

假如你正在为一只贵宾犬进行染色，目标是将其打造成一只色彩斑斓的“彩虹狗”。请详细描述你的染色步骤，包括如何选择染料、如何调配颜色、如何进行染色操作以及染色后的注意事项。同时，请分析这个染色项目可能面临的风险和挑战，并提出相应的解决方案。

任务二　宠物的包毛技术

情境导入

李女士的约克夏犬名叫“米洛”，拥有一身如丝般顺滑、光泽度极高的长毛。然而，随着季节的变化和日常活动的增加，米洛的毛发开始变得容易打结，尤其是在腿部和脸部周围，这不仅影响了米洛的美观，还让它感到不适。李女士决定带米洛去专业的宠物美容院，进行一次全面的包毛护理。

美容师首先与李女士沟通，了解米洛的毛发状况、日常护理习惯以及李女士对美容效果的期望。随后，美容师对米洛的毛发进行了初步检查，评估了毛发打结程度、污垢分布以及需要特别关注的区域。

经过专业的包毛护理后，米洛的毛发焕然一新，变得更加蓬松、顺滑和有光泽。它的脸部轮廓更加清晰、立体，腿部和尾巴的毛发也变得更加整洁、有序。李女士对美容师的专业技术和米洛的华丽变身感到非常满意和惊喜。

一、宠物犬包毛的目的

（1）保养被毛，使被毛顺滑光亮，从而使宠物犬更加漂亮。

（2）防止前额的饰毛进入眼睛。

（3）保持口腔和肛门周围的清洁。

二、准备工作

（1）工具　排梳、分界梳、毛梳、针梳、包毛纸、护毛剂、橡皮筋、剪刀等。

（2）洗澡　提前给犬梳理被毛，做好洗护。

三、几种犬头部包毛的方法

1. 马尔济斯犬

扎 2 个发髻(左右各一),以鼻头为中点将两后眼角至头盖骨的毛平分,然后包上包毛纸,扎上蝴蝶结。

2. 西施犬、约克夏犬

1 个发髻,由眼角到头盖骨,前后各扎 1 个,再使之互相依附扎在一起,突显头冠。两根橡皮筋分别扎,一根扎在毛发根部,另一根扎在上部,中间扎一个蝴蝶结。

3. 贵宾犬的欧洲大陆装

扎 3～8 个发髻,从左内眼角到右内眼角为第 1 个发髻,从外眼角到耳际扎 1～2 个发髻,再在头盖骨位置扎 1 个发髻,沿颈部到背部再扎 1～2 个发髻,最后将前 3 个发髻互相依附扎在一起。以上部位可以根据毛量多少增减发髻个数,以不影响运动为准。

四、操作方法

操作视频
犬的包毛

(1)与犬适当沟通和安抚后,将犬抱上美容台,并让犬枕在小枕上,方便包毛工作。

(2)梳整全身毛发,根据毛量和毛的长度确定大概需要的毛包。

(3)根据宠物毛发的长度裁好包毛纸,然后把两个长边各折起 3 cm 左右的宽度,底边接 2 cm 的宽度折三折,使包毛纸近似直筒形。准备好足够数量的包毛纸,待用。

(4)从尾巴开始包起,用排梳或分界梳挑起适量毛发梳顺,喷上以 1∶50 稀释的高蛋白润丝液或羊毛脂,如需参加比赛则要在比赛前 10 d 改用植物性润丝乳液(1∶20 稀释),以减少毛发油脂。注意要喷洒均匀,然后用鬃毛刷刷平。

(5)将毛发夹在包毛纸的对折线中间并用拇指及食指紧紧捏住,以防毛发松动。然后将包毛纸纵向对折直至适当宽度后,把已成条状的包毛纸向后折至适当长度,最后反向上折,然后套上橡皮筋,不要绑到尾骨。

(6)包毛后将扎好的毛包整理工整,左右轻拉一下,避免里面的毛打结。

(7)用同样的方法将犬背部和颈部左右两侧的毛分成相同的份数(一边分 3～5 份),从后向前分别包好,两侧毛包要对称且大小相近,不会妨碍犬的活动。

(8)肛门下面的毛平分,用分界梳梳出一边的毛,用相同的步骤包毛。屁股左右的毛包好后,确认不会妨碍宠物犬的活动。

(9)后肢上方的毛梳直后按相同的步骤包起来。

(10)脸上的毛先从额头包起。脸上的毛不要包得太紧,否则宠物犬会很不舒服。

(11)脸上的毛包好后再包前胸的毛，按毛量分为若干撮，并包起来。

(12)整个身体要根据毛量均匀分区，毛包好后既美观又不影响运动。

(13)宠物犬毛发包好后需每隔 2～3 d 拆开，用聚毛刷刷过后，再一层一层地喷上稀释的乳液，并重新再包起来。

五、注意事项

(1)在宠物犬包毛的过程中稳住它的情绪是最重要的，犬有配合的表现就要及时地给予奖励，以保证包毛顺利进行。

(2)头上的毛包完后应是直立的。

(3)躯体上的毛应顺着毛发生长的方向来包，毛包完后自然下垂，左右对称，分开呈线条状。分层包毛时，层与层之间应在一个纵排上，排列整齐。

(4)包毛的基本原则是左右对称，大小一致、包紧扎牢，注意选取适当的位置和包裹适当数量的犬毛，同时不能伤到犬的皮肤和被毛。

(5)包毛时不能太松，以免脱落；也不要包得太紧，以防拉扯皮肤。

(6)包毛时最好直接用包毛纸把毛包起来，再扎橡皮筋，不要先扎橡皮筋再用包毛纸，最后再用橡皮筋固定，否则容易弄断毛发或使毛发缠结在一起，而失去包毛的意义。

(7)包毛纸要将整缕毛全部包住，不能露出毛尖，而只要将毛发统一压在包毛纸的对折线处包裹，不能让包毛纸的每一层都夹有毛发。

(8)腿毛由内向外侧包，一般包两个；小腿骨、跗关节以下不包。

(9)有些长毛犬如西施犬、约克夏犬、马尔济斯犬等，为了不让嘴边的毛影响进食，也为了不弄脏毛发，最好对这些部位进行包毛，注意不要将下巴上的毛同时包进去，否则犬就会张不开嘴。

课后知识巩固

一、选择题

1. 包毛技术主要应用于哪些类型的宠物犬？(　　)

A. 短毛犬　　B. 中长毛犬

C. 所有犬种　　D. 特定品种如约克夏犬、马尔济斯犬等

2. 包毛前最重要的准备工作是(　　)。

A. 选择合适的包毛纸　　B. 为宠物犬进行彻底的洗浴

C. 准备好所有美容工具　　D. 确定包毛造型

3. 以下哪项不是包毛过程中需要注意的事项？(　　)

A. 保持包毛纸的对称性

B. 确保包毛纸固定牢固

C. 使用高温高风速吹风机快速吹干毛发

D. 轻柔梳理避免毛发打结

二、简答题

1. 简述包毛技术对于宠物犬的意义和重要性。

2. 描述一次完整的宠物犬包毛流程，包括前期准备、洗浴吹干、修剪分界、包毛过程及最后整理。

3. 在实际操作中，如果遇到宠物犬毛发严重打结的情况，应如何处理？请给出具体步骤和注意事项。

三、案例分析题

假设你正在为一只马尔济斯犬进行包毛护理，发现其面部毛发特别长且容易遮挡眼睛。请设计一个合理的包毛方案，确保既能保持马尔济斯犬的优雅外观，又能避免毛发影响犬的视线和舒适度。请详细说明你的包毛步骤和技巧。

任务三　宠物 SPA 水疗护理

情境导入

小白是一只可爱的金毛寻回猎犬，它活泼好动，是主人李女士的心头宝。然而，随着季节的变换，小白的毛发开始变得干燥、易打结，还伴有轻微的皮屑问题。李女士看在眼里，急在心里，她决定带小白去体验一次专业的宠物 SPA 水疗护理，希望能恢复小白毛发的光泽与健康。

针对小白的皮屑问题，美容师选择了适合其皮肤特性的药浴产品，按照比例调配后，让小白在药浴池中浸泡了 10 min。药浴中的有效成分深入毛发根部，有效缓解了皮屑问题，并促进了皮肤的健康。

一、宠物 SPA 的含义

微课　宠物 SPA 水疗护理

宠物 SPA 打破传统宠物淋浴方法，宠物 SPA 机每秒钟释放百万个以上的强劲气泡，深达毛发根部，产生微爆效应，彻底清洁毛发，达到洁毛除臭功效。加上矿物质、香薰精油、草本、鲜花，犬浸泡在温暖的水中，使毛发充分补充营养，恢复亮丽与弹性。通过气泡按摩，促进血液循环，加速代谢排毒，加快脂肪代谢，达到预防疾病、延缓衰老的目的。

二、宠物 SPA 的好处

在有条件的情况下，适当为宠物做 SPA 护理，有助于缓解宠物紧张恐惧的情绪，也可锻炼肌肉、保持关节灵活，加速脂肪代谢、控制体重并提升器官功能。部分功能性 SPA 还可对宠物起到深层清洁毛发、驱虫防护和长效除臭的作用。

三、常见宠物 SPA 类型

（一）宠物基础 SPA——香薰浴

1. 特色与功效

香薰精油可促进宠物血液循环，增强新陈代谢，消除宠物的恐惧感，缓解宠物的焦虑，具有良好的身体保健功能。香薰精油对于毛发滋润护理有特效，留香时间长，如贵宾犬、比熊犬、松鼠犬，在做完香薰浴后留香的时间在 7～14 d，体味比较重的犬种留香时间在 3～7 d。

2. 常见产品

精华水晶香芬油（规格：100 mL），纯天然植物精华，无添加任何香精，复合型，有 6 种味道，分别为泡泡泉（杀菌保健）、快乐泉（治疗忧郁）、浪漫泉（催情）、森林泉（减压）、糖果泉（香甜）、音乐泉（缓解疲劳）。

亲水性花精油（规格：10 mL），纯天然植物精华，无添加任何香精，复合型，有 9 种味道，分别为玫瑰、薰衣草、橙花、姜花、牡丹、洋甘菊、桉树、檀香、茉莉。

3. 适应对象

所有犬种。

4. 建议配合使用的产品和用量

死海盐滋润洁毛啫喱或死海泥洁毛啫喱：30～60 mL（1∶20 稀释）。

乳香玫瑰焗油或护毛素：20～40 mL（1∶15 稀释）。

亲水性精油：3～6 mL。

死海盐：15 g（选择性使用）。

柔顺香熏水：3 mL 精油＋1 mL 亲水性精油，稀释至 50 mL。

死海盐水：5～10 g 稀释至 50 mL。

（二）宠物美白 SPA——泡泡浴（盐浴）

1. 特色与功效

世界最好的温泉——死海“矿物质”温泉。天然死海海水结晶和丰富的镁、钾、钙、溴化物及硫酸盐类，宠物做 SPA 盐浴能有效清洁、活化肌肤细胞，促进新陈代谢，延缓衰老，高含量的镁能有效减轻宠物的毛发与肌肤因气候变化而形成的损伤。盐浴既可以杀菌止痒又可以辅助治疗皮肤病。

2. 常见产品

SPA 死海盐（规格：250 g、1 kg、10 kg），100%水溶性死海高矿物盐，有消炎杀菌、高洁白的作用。

水疗浸浴，治疗亚健康用法：向木盆或塑料收纳箱注入 1/3 的温水（水温控制在 35～42 ℃），加入死海盐（小型犬 30 g，中型犬 64 g，大型犬 90 g），将宠物放进盆中进行泡浴。对轻度皮肤病和体外寄生虫（虱、蚤、蝉）有非常明显的效果。

感冒、厌食用法：稀释 80～100 倍，清水直接饮用 1～2 d。

芦荟或死海盐滋润剂洁毛啫喱（规格：200 mL/L）采用进口原料和植物精华，能抗敏感、亮丽毛发、驱除寄生虫。

3. 适应对象

短毛犬、白毛犬及处于换毛时期的任何犬种，老年犬应在身体比较健康的状况下进行 SPA，也适用于猫。

4. 建议配合使用的产品和用量

死海盐滋润洁毛啫喱：30～60 mL（1∶20 稀释）。

乳香玫瑰焗油护毛素：20～40 mL（1∶15 稀释）。

死海盐：30～60 g。

柔顺美白水：3 mL 焗油水＋5 g 死海盐稀释至 50 mL。

死海盐水：5～10 g 稀释至 50 mL。

（三）宠物医生 SPA——死海泥浴

1. 特色与功效

死海泥浴可促进宠物血液循环，增强新陈代谢，调节神经系统的兴奋和抑制过程，可帮助驱虫、防蚤以及身体保健，并具有良好的消炎、消肿、镇静、止痛、提高免疫力及加快自愈等作用，对于毛发护理有特效。

2. 常见产品

SPA 死海泥（规格：100 g、400 g、1.5 kg），主要成分是高岭土和火山灰，有吸附作用，消炎杀菌、止血、止痒，愈合伤口。

泥糊的调法：50 g 死海泥加 20 g 死海盐，用 100 mL 水稀释，搅拌均匀。

体内驱虫用法：将死海泥（小型犬 0.5 g、中型犬 1 g、大型犬 2 g）涂在舌头上或口角内，3 h 一次，连续 2 次，隔一周多服一次。

治肠道疾病用法：将死海泥（小型犬 0.5 g、中型犬 1 g、大型犬 2 g）涂在舌头上或口角内，3 h 一次，至下次出现健康粪便，治疗期间无须断水断粮。

治皮肤病用法：稀释清水或草本汁至糊状涂于伤口，24 h 后才更换或补充新泥糊（每天一次至下次沐浴查看情况）至痊愈。

水疗用法：将死海泥（小型犬 5 g、中型犬 10 g、大型犬 20 g）溶于水中并加入死海盐浸浴，时间随意。

3. 适应对象

长毛犬、体味较重的犬、多毛类犬的毛发护理，犬外伤及患病后的恢复性理疗。

4. 建议配合使用的产品和用量

死海泥牡丹洁毛啫喱或 SPA 除臭洁毛啫喱：30～60 mL（1∶20 稀释）。

死海泥护毛焗油：20～40 mL（1∶15 稀释）。

死海盐：30～60 g。

死海泥水：5 g，稀释至 50 mL。

柔顺美白水：3 mL 焗油＋5 g 死海盐稀释至 50 mL。

死海盐水：5～10 g，稀释至 50 mL。

死海泥：20 g。

（四）宠物 SPA 碳酸浴

1. 特色与功能

宠物 SPA 碳酸浴是时下最流行的宠物 SPA 项目，几乎所有宠物店和宠物医院、宠物会所等都有这个项目。碳酸浴由于在疾病治疗方面有很好的治愈作用，被人们誉为“健康之浴”，也因其在健康疗愈方面的神奇疗效而被全球众多医疗健康领域专家所推崇，碳酸浴片已广泛应用于宠物健康领域，宠物碳酸浴已风靡欧、美、日、韩。

2. 常见产品

碳酸浴产品遇水后会产生 CO_2 气体的冲击，能有效清除宠物毛鳞片中的细微废物。浴汤中的有效成分能有效闭合毛鳞片，柔顺毛发并增加光泽。二氧化碳溶于水产生的碳酸根离子能够有效沉淀水中的 Ca^{2+}、Mg^{2+}，软化水质，避免硬水对宠物毛发造成的伤害。同时还能平衡毛囊分泌的油脂，消除体臭，杀菌消炎，对皮肤病也有显著疗效，孕宠也可使用。

3. 适应对象

长毛犬、多毛类犬的毛发护理及多犬种皮肤病治疗。

4. 产品分类

（1）薰衣草宠物专用碳酸浴片　有时爱宠的情绪会不稳定或者多动，就可以使用本款。

（2）玫瑰花宠物专用碳酸浴片　希望让爱宠更精神，香味更好，就可以使用本款。

（3）牛初乳宠物专用碳酸浴片　适合掉毛、脱毛、毛色不好的宠物，此款浴片融入水中无色无味，有的顾客不喜欢香味，比较适合这样的需求。

（4）柠檬宠物专用碳酸浴片　主要偏重于消炎、杀菌、止痒、除虫。

（5）薄荷宠物专用碳酸浴片　适合给宠物降温、消暑、清热。

四、准备工作

(1)宠物犬一只。

(2)工具　洗澡设备和用品、宠物 SPA 机、牛奶浴产品、香薰精油或其他 SPA 产品。

五、操作方法

操作视频
宠物 SPA

(1)给宠物犬洗澡(与一般洗澡方法相同)。

(2)在宠物 SPA 机中放入水，并调节水温，以用肘部试水温不烫为准。

(3)加入适量 SPA 产品，搅拌均匀。

(4)将洗完澡的宠物犬放在 SPA 机中，根据具体情况调节机器，泡浴 15～30 min。

(5)从 SPA 机中取出犬只，淋浴冲洗并按摩全身。

(6)用大的吸水毛巾包裹犬只进行穴位按摩。

(7)吹干并梳理被毛。

六、注意事项

(1)在做 SPA 之前，先做调查，了解宠物犬的体质状况、毛质种类、性情、心态，然后根据分析结果选择适合犬只的 SPA 方式和产品。

(2)患有心脏病、糖尿病或低血糖的宠物犬不适合做 SPA。

(3)对于幼犬、老年犬及体质较弱的犬，根据具体情况调节设定适度的气流。

(4)做完 SPA 后的宠物犬应多饮水，避免剧烈运动。

(5)根据具体情况确定做 SPA 的间隔时间，过于频繁反而影响皮肤的自我保护功能。

课后知识巩固

一、选择题

1. 宠物水疗的主要目的是(　　)。

A. 美容　　B. 康复与保健　　C. 减肥　　D. 娱乐

2. 在进行宠物水疗前，以下哪项准备工作不是必须的？(　　)

A. 检查宠物健康状况　　B. 修剪宠物趾甲

C. 喂食宠物饱餐一顿　　D. 准备专用水疗设备

3. 宠物水疗中，哪种水温对大多数宠物来说是适宜的？（　　）

A. 冷水（低于 20 ℃）　　B. 温水（35～38 ℃）

C. 热水（高于 40 ℃）　　D. 沸水

4. 以下哪项不属于宠物水疗的禁忌证？（　　）

A. 皮肤病　　B. 心脏病

C. 骨折恢复期　　D. 轻微关节炎

5. 宠物水疗后，应该如何帮助宠物恢复？（　　）

A. 立即进行剧烈运动　　B. 保持环境温暖干燥

C. 喂食大量食物　　D. 立即洗澡

二、简答题

1. 简述宠物水疗的基本步骤。

2. 宠物水疗有哪些注意事项？

思政小天地——中国古诗词中的“汪星人”

逢雪宿芙蓉山主人

唐 · 刘长卿

日暮苍山远，天寒白屋贫。

柴门闻犬吠，风雪夜归人。

赏析：傍晚时分，青山在暮色中显得更加遥远，天气寒冷，简陋的白色茅屋更显清贫。从柴门外传来犬吠声，原来是顶着风雪在夜晚归来的人。这首诗用极其凝练的笔触，描画出一幅以旅客暮夜投宿、山家风雪人归为素材的寒山夜宿图。诗是按时间顺序写的，首句写旅客薄暮在山路上行进时所感，次句写到达投宿人家时所见，后两句写入夜后在投宿人家所闻。每句诗都构成一个独立的画面，而又彼此连属。诗中有画，画外见情。

刘长卿（726—786 年），字文房，宣城（今属安徽）人，唐代诗人。后迁居洛阳，河间（今属河北）为其郡望。尤工五言，于深密中见清秀。

项目六 宠物犬的特殊护理

◆ 项目描述

本项目为从事宠物饲养、管理、美容与健康护理工作的专业从业人员必须掌握的相关知识，内容包括对妊娠犬、分娩犬、哺乳犬、新生仔犬、幼犬、老年犬、住院犬猫等的护理，以及对伤病宠物进行现场救护、病期护理、术后护理及康复护理。

通过本项目的学习，学生可以掌握对宠物的日常健康护理与管理，为从事宠物健康护理、宠物饲养、管理、美容等工作做好准备。

◆ 学习目标

知识目标：

1. 了解宠物犬的特殊生理需求，掌握不同年龄阶段（如幼犬、妊娠犬、老年犬等）宠物犬的生理特点、营养需求及特殊护理要点。

2. 掌握宠物犬日常保健护理技巧，掌握对伤病宠物进行现场救护、病期护理、术后护理及康复护理的方法。

能力目标：

1. 能制订个性化的护理计划，根据宠物犬的年龄、品种、健康状况等因素，制订科学合理的护理计划，包括饮食、运动、健康监测等方面。

2. 能具备根据犬初步的疾病诊断与处理能力，能够观察宠物犬的健康状况，及时发现异常并采取相应的处理措施，或及时送医治疗。

3. 能够与宠物主人、兽医、其他宠物护理人员等有效沟通，共同为宠物犬提供最佳的护理服务。

素质目标：

1. 培养关爱动物、尊重生命的意识，通过宠物犬的特殊护理过程，加深对动物生命的理解和尊重，培养关爱动物、珍惜生命的情感。

2. 增强责任感和耐心，宠物犬的特殊护理需要细心、耐心和责任心，护理者应更加关注宠物犬的健康和生活质量，增强自身的责任感。

3. 促进人宠关系和谐，通过积极的情感交流和陪伴，加深与宠物犬之间的情感联系，建立更加和谐的人宠关系，为宠物犬创造一个温馨、舒适的生活环境。

任务一　妊娠犬的护理

情境导入

红玉家里养了一只京巴犬，其怀孕后，她打电话给贝贝宠物医院的宠物医生，想知道怎样照顾好这只怀孕的京巴犬。你知道怎么照顾好妊娠犬吗？通过本任务的学习能更好地照顾这类犬只。

一、犬的妊娠诊断

微课　妊娠犬的护理

（一）感官检查法

1. 观察犬的行为

妊娠犬的活动减少、行动谨慎、性情温顺、喜欢在暖和的地方趴卧等。

2. 观察外阴部有无肿胀现象

整个妊娠期，犬外阴部稍有肿胀（图 6-1），分娩前肿胀更加明显，分娩后才逐渐恢复原状。

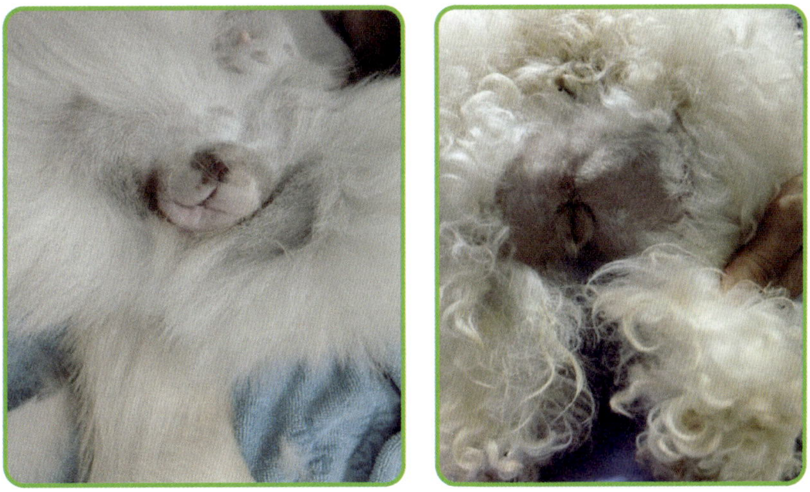

图 6-1　犬外阴肿胀

3. 观察腹围大小

母犬妊娠 1 个月后食量和饮水量会逐渐增加，腹围逐渐增大(图 6-2)，50 d 后在腹侧可见"胎动"，至妊娠 55 d 时增至最大。

4. 观察乳房的变化

母犬妊娠 20 d 后，乳房逐渐增大。30 d 后乳房下垂，乳头膨大，呈粉红色，富有弹性(图 6-3)。

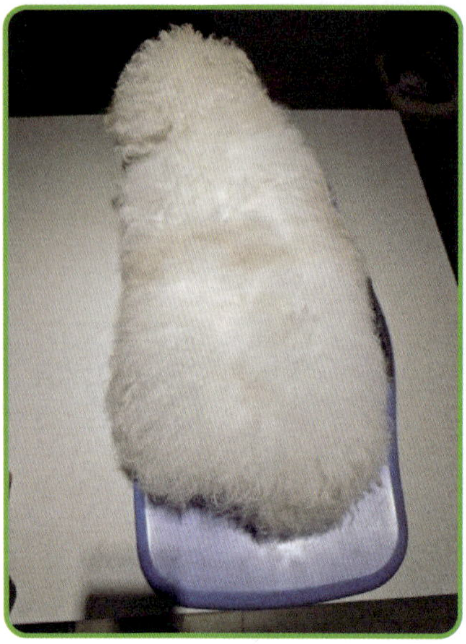

图 6-2　腹围增大

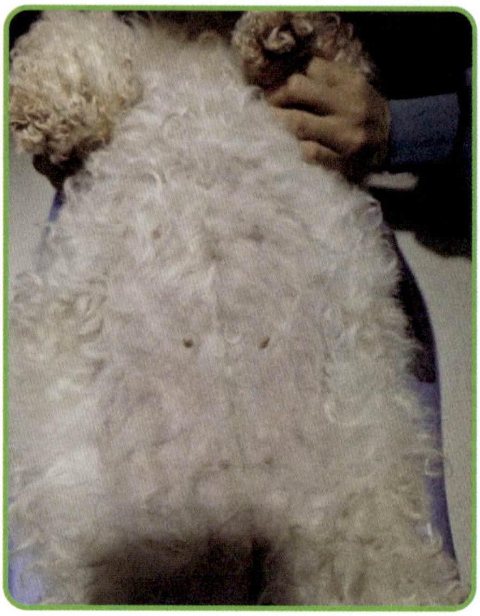

图 6-3　怀孕后乳房变化

5. 腹壁触诊

当母犬怀孕 20 d 左右，子宫开始变粗大，在腹壁触摸可以明显感知子宫直径变粗，但这需要有相当经验的人才能做出较正确的诊断。妊娠 35 d 后，可以触摸到胎儿(如摸到有鸡蛋大小、富有弹性的肉球)。触摸时应注意与无弹性的粪块相区别。触摸时应用手在最后两对乳头上方的腹壁外前后滑动，切忌粗暴或过分用力，以免造成流产。

(二)血液检查法

通过血液成分变化判断母犬是否怀孕(图 6-4)，主要依据血液中孕酮和松弛素这两种激素的水平变化，结合时间节点辅助诊断。

1. 孕酮

孕酮是卵巢黄体分泌的激素，在母犬发情、排卵及妊娠过程中起关键作用，其水平变化可反映生殖状态。

(1)发情期至排卵前　母犬发情期(阴道流血)初期，孕酮水平较低(通常<1 ng/mL)；接近排卵时，孕酮水平开始上升，排卵时一般达到 2～5 ng/mL。

(2)排卵后至妊娠早期　若排卵后未受孕,孕酮水平会在排卵后 20～25 d 逐渐下降至基础水平;若成功受孕,孕酮会持续维持在较高水平(通常＞5 ng/mL),并在妊娠中期(30～40 d)达到峰值(可能超过 10 ng/mL),直至妊娠后期逐渐缓慢下降。

注意:孕酮水平升高仅能说明排卵或黄体功能正常,无法直接确诊怀孕(未受孕的母犬也可能出现短暂的“假孕”,孕酮水平也会升高),需结合其他指标判断。

(3)检测时间　建议在母犬发情结束后(排卵后 15～20 d)检测,判断黄体功能。

2. 松弛素

松弛素是妊娠特异性激素,仅在母犬怀孕后由胎盘产生,是判断怀孕的更可靠指标。

(1)出现时间　一般在母犬受孕后 20～25 d 开始在血液中检测到,之后浓度逐渐升高,妊娠中期达到峰值,直至分娩前仍可检测到。

(2)检测时间　建议在发情结束后 25 d 以后检测,此时若怀孕,松弛素已开始分泌,检出率较高。若在怀孕极早期(20 d 前)可能检测不到,易出现假阴性。

(3)临床意义　血液中检测到松弛素,基本可确诊怀孕(假孕母犬通常不会分泌松弛素)。但需注意,若怀孕早期胚胎死亡,松弛素水平会迅速下降,因此需结合超声等检查确认胎儿存活状态。

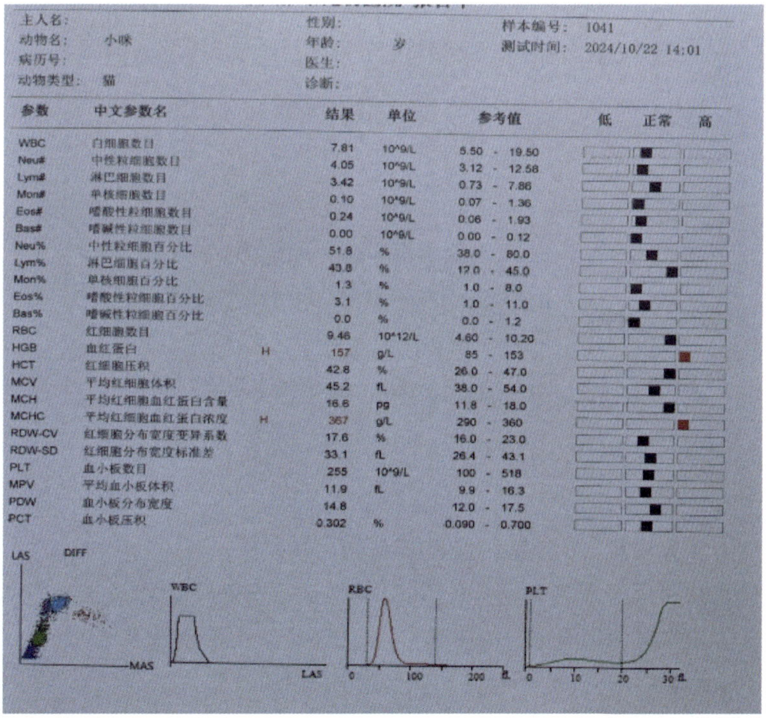

主人名:　　性别:　　样本编号: 1041
动物名: 小咪　　年龄: 岁　　测试时间: 2024/10/22 14:01
病历号:　　医生:
动物类型: 猫　　诊断:

参数	中文参数名		结果	单位	参考值
WBC	白细胞数目		7.81	10^9/L	5.50 - 19.50
Neu#	中性粒细胞数目		4.05	10^9/L	3.12 - 12.58
Lym#	淋巴细胞数目		3.42	10^9/L	0.73 - 7.86
Mon#	单核细胞数目		0.10	10^9/L	0.07 - 1.36
Eos#	嗜酸性粒细胞数目		0.24	10^9/L	0.06 - 1.93
Bas#	嗜碱性粒细胞数目		0.00	10^9/L	0.00 - 0.12
Neu%	中性粒细胞百分比		51.8	%	38.0 - 80.0
Lym%	淋巴细胞百分比		43.8	%	12.0 - 45.0
Mon%	单核细胞百分比		1.3	%	1.0 - 8.0
Eos%	嗜酸性粒细胞百分比		3.1	%	1.0 - 11.0
Bas%	嗜碱性粒细胞百分比		0.0	%	0.0 - 1.2
RBC	红细胞数目		9.46	10^12/L	4.60 - 10.20
HGB	血红蛋白	H	157	g/L	85 - 153
HCT	红细胞压积		42.8	%	26.0 - 47.0
MCV	平均红细胞体积		45.2	fL	38.0 - 54.0
MCH	平均红细胞血红蛋白含量		16.6	pg	11.8 - 18.0
MCHC	平均红细胞血红蛋白浓度	H	367	g/L	290 - 360
RDW-CV	红细胞分布宽度变异系数		17.6	%	16.0 - 23.0
RDW-SD	红细胞分布宽度标准差		33.1	fL	26.4 - 43.1
PLT	血小板数目		255	10^9/L	100 - 518
MPV	平均血小板体积		11.9	fL	9.9 - 16.3
PDW	血小板分布宽度		14.8		12.0 - 17.5
PCT	血小板压积		0.302	%	0.090 - 0.700

图 6-4　怀孕后血常规化验单

(三)尿液检查法

犬妊娠后 5～7 d,尿液中会出现一种与人绒毛膜促性腺激素的结构相似的激素,所以采用

“速效检孕液”可以测试出犬尿液中是否含有类似人绒毛膜促性腺激素的物质,如图 6-5 所示。如检查呈阳性者即为怀孕,阴性者为未怀孕。此法准确率相当高,在交配后的 6 d 左右就可以检测出来。

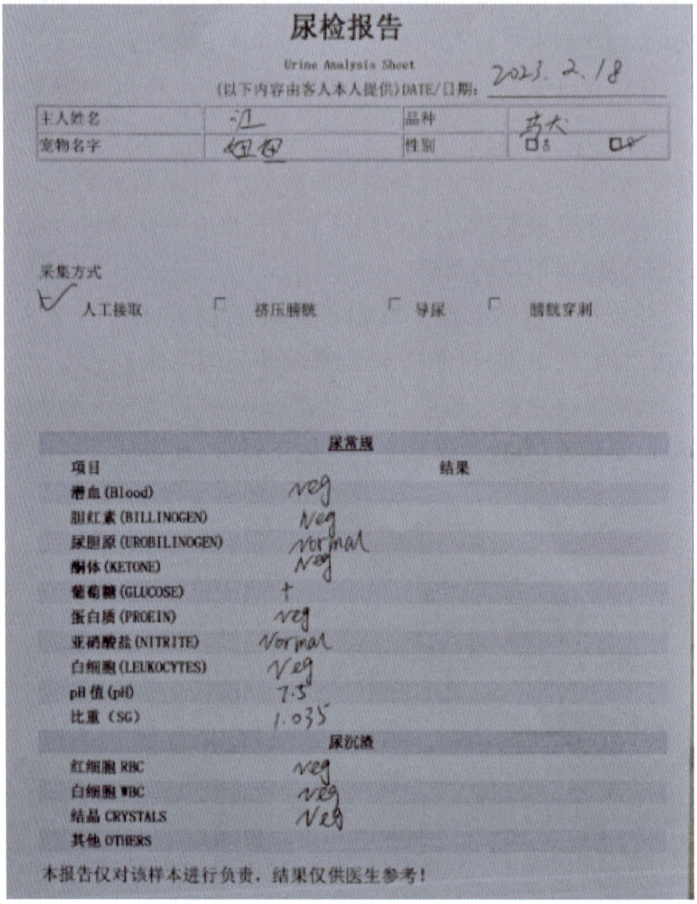

尿检报告

Urine Analysis Sheet

(以下内容由客人本人提供)DATE/日期: 2023.2.18

主人姓名	江	品种	[illegible]
宠物名字	[illegible]	性别	□♂ □♀

采集方式

☑ 人工接取 □ 挤压膀胱 □ 导尿 □ 膀胱穿刺

尿常规	
项目	结果
潜血(Blood)	neg
胆红素(BILLINOGEN)	Neg
尿胆原(UROBILINOGEN)	normal
酮体(KETONE)	Neg
葡萄糖(GLUCOSE)	+
蛋白质(PROEIN)	neg
亚硝酸盐(NITRITE)	Normal
白细胞(LEUKOCYTES)	Neg
pH 值(pH)	7.5
比重(SG)	1.035
尿沉渣	
红细胞 RBC	neg
白细胞 WBC	neg
结晶 CRYSTALS	Neg
其他 OTHERS	

本报告仅对该样本进行负责,结果仅供医生参考!

图 6-5 犬尿液化验单

(四)超声波探测法

目前常用的有多普勒仪、A 型超声仪和 B 型超声仪。

多普勒仪检查法可用于发现怀孕 19～25 d 的胎犬心脏跳动。随着胎犬的发育,其准确率增加,怀孕 36～42 d 的准确率为 85%,怀孕 43 d 到怀孕结束的准确率为 100%,未怀孕的准确率为 100%。体形太小的母犬,由于腹部动脉的跳动,误诊率稍高。

A 型超声波检查法可用于 18～20 d 以后的怀孕诊断,在怀孕 32～60 d 时,其准确率为 90%,未怀孕的准确率为 85%。采用此检查法时应区别来自充满尿液的膀胱的信号。

B 型超声波检查法比多普勒仪、A 型超声波检查法的效果更好(图 6-6)。其优点是能探测出 18～19 d 的胎犬,甚至可以鉴别胎犬的性别、数量以及死活。

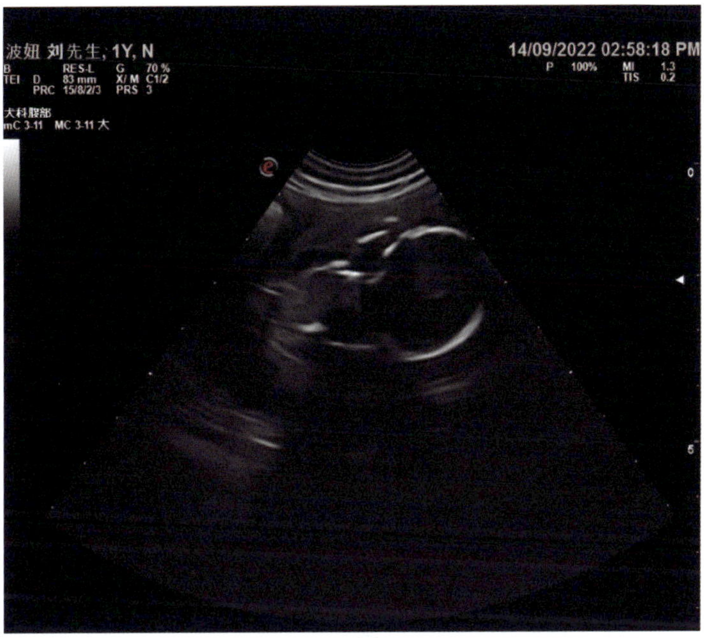

图 6-6　妊娠犬 B 超影像

二、妊娠犬的护理

母犬在妊娠期间需要大量的营养物质供给胎儿的生长发育以及维持母犬自身的生命活动，合理的护理对母犬的健康、保证胎儿的正常发育、防止流产具有重要的意义。

(一)妊娠犬日粮的准备

按照妊娠犬的营养需要合理配制日粮(见拓展资料)，尽量给母犬吃专门的妊娠犬犬粮，也可以喂营养丰富的幼犬粮，这些粮食的能量相对较高。

为了增加妊娠犬的食欲，可以为妊娠犬准备一些湿粮(如罐头等)来调剂口味。如果妊娠犬营养状况不佳或孕育胎数较多，可以在兽医的指导下为妊娠犬补充所需维生素及微量元素。

(二)妊娠犬的护理

犬的妊娠期为 58～64 d，平均为 62 d。妊娠期间饲养管理任务是增强母犬的体质，保证胎儿健全发育，防止流产，每窝都能生产量多健壮、生活力强、初生重量大的仔犬。为此，对妊娠母犬饲养管理，除供应全价日粮外，日常护理也非常重要，一般分 4 个阶段进行。

1. 交配后 1～10 d 的护理

(1)母犬对食物的需要量不会明显增加，可以按原饲养方法饲养，每天饲喂 2～3 次。从发情开始到胚胎附植期间，母犬食物中蛋白质、脂肪、碳水化合物的摄取不应超过机体的维持需要，日粮中适当补充维生素和矿物质可提高母犬的受胎率和窝产仔数。

(2)母犬妊娠后，会出现活动减少、性情温顺、睡眠明显增加等现象，应给妊娠犬提供一个安静舒适的环境。

(3)喂给妊娠犬充足而洁净的饮水。

(4)每天应散步 3～5 次，每次约 20 min，散步时防止妊娠犬和其他犬接触，要拉好牵引绳慢步走。

(5)禁止剧烈运动、恐吓、打骂、洗澡或游泳，以防止流产。

2. 交配后 11～30 d 的护理

(1)采食量逐渐增加，日粮用量应比妊娠前增加 5%～15%。

(2)喂给妊娠犬充足而洁净的饮水。

(3)加强运动锻炼，每天散步时间大于 4 h，以增强妊娠犬体质，促进胚胎健康发育。

(4)天气晴朗时，可在上午或中午给犬洗澡。

3. 交配后 31～55 d 的护理

(1)胎犬发育较快，妊娠犬腹部迅速增大，采食量明显增加，日粮用量应比妊娠前增加 15%～30%，每天饲喂 3～4 次，以保证胎犬健壮、生活力强和初生体重大。

(2)喂给妊娠犬充足而洁净的饮水。

(3)妊娠犬的食量和水量会增加，排便的次数也会增加，需要每天多带它出去几次。

(4)为防止流产，牵犬散步应单独进行，行走要慢，牵引要轻，避免爬坡、跳沟和其他剧烈运动，每次散步时间不超过 30 min。要防止妊娠犬腹部受到碰撞，过度疲劳或突然受到惊吓。特别要防止外界刺激引起的突然乱挣乱跳。

(5)给妊娠犬提供舒适的犬床(舍)。犬窝大小要适度，要通风、保暖。犬窝要干燥、温暖、通风好，冬天注意保温，白天可将犬牵到室外进行日光浴。要调整犬床的围板高度，以免触及腹部。同时不要让陌生人接近犬舍，以免妊娠犬神经过敏。

(6)随着腹部的一天天膨大，妊娠犬的性格会稍有改变，易怒、烦躁，并且更加依赖宠物主人，可能会因为食物不可口、被吵醒或者不被重视而吠叫。应经常陪伴妊娠犬，加强与妊娠犬的感情沟通，通过抚摩安慰妊娠犬，减轻其烦躁、恐惧的心理。

(7)妊娠犬膨大的腹部会使它自己清理外阴和抬起腿来挠痒不便，所以要经常抚摸妊娠犬，保持其外阴部清洁，并经常刷拭妊娠犬的被毛，促进表皮的血液循环。

(8)每隔几天用温水和皂液洗涤妊娠犬乳头 1 次，然后擦干，防止乳头感染。

(9)天气晴朗时，多让妊娠犬晒太阳，可在上午或中午给犬洗澡，保持被毛和皮肤的清洁卫生。

4. 交配后 56 d 到分娩期间的护理

(1)准备好产箱，在妊娠后 56 d 将妊娠犬移入新环境，否则妊娠犬会不安，导致挠门、嚎叫、分娩起始时间推迟或迟迟不见胎儿排出等情况。产箱的大小应以妊娠犬可自由站立、转身而不干扰新生犬为准。产箱的周壁应足够高，以防止穿堂风，箱的一侧开放，可使妊娠犬出入方便。对有些分娩时需要僻静地点的妊娠犬，其产箱上方应有盖，而有些妊娠犬到即将分娩时更多地需要和宠物主人接触，但无论如何要注意保持产房的安静。如果在分娩时打扰妊娠犬，分娩可延长 4 h 以上。注意用柔软的碎纸或软棉线布垫产床。

(2)妊娠犬腹部高度膨大，逐渐增大的子宫压迫胃肠，导致每次的采食量下降，因此，每天至少饲喂 4 次，每次都尽量让妊娠犬吃饱，以保证胎儿健壮、生活力强和初生体重大。

(3)喂给妊娠犬充足而洁净的饮水。

(4)停止洗澡，禁用刷子刷洗妊娠犬腹部，将妊娠犬乳房、外阴部周围的长毛剪去，用湿毛巾清洗干净，便于分娩和哺乳。

(5)防止妊娠犬自高处跳跃，严禁接触冷水，防止腹泻。

(6)产箱所在室内的温度应保持在 15～23 ℃，产箱内还应采取保暖措施，用电热器和加热灯都可以，在热源的周围应有足够的空间，以便仔犬能够靠近或远离热源。

(7)检查妊娠犬的牙齿和齿龈，确定是否有牙周炎以及牙垢，应每天清洁牙齿。

5. 妊娠犬护理的注意事项

(1)应供给妊娠犬充足而优质的饲料。在其日粮中应适量加入一些微量元素和维生素饲料添加剂，以促进胎犬正常生长发育。对于食物的要求是新鲜、无污染，不能喂酸臭霉变的饲料，也不能喂过冷的饲料和冻水，更不能喂有毒的食物，以免刺激妊娠犬的胃肠，引起呕吐和发生胃肠炎，容易引起流产。

(2)妊娠初期，犬食欲增加，应逐渐增加蛋白质饲料。1 个月后适当添加肉类、骨粉、鱼粉。45 d 后每天加喂一次午餐。临产前，即妊娠 56 d 后，注意减喂 1/4 的饲料。

(3)妊娠犬生活的地方要通风和保暖。地面务必干燥，冬天要添加垫草，以防流产。

(4)妊娠犬要有适当的运动和日光浴，可促进妊娠犬机体和胎犬的血液循环，增强新陈代谢，保证妊娠犬和胎犬正常健康地发育和妊娠犬正常分娩。

(5)注意母犬配种后假妊娠。如果母犬腹部只见增大，而体重没有明显增加，即可能是假妊娠。

(6)妊娠犬易受惊，要使妊娠犬安静育胎，应不让陌生人接近犬舍和干扰妊娠犬活动或休息，以免一些妊娠犬神经过敏而流产。

(7)母犬妊娠期间要单独管理。

(8)妊娠期间，不可进行哺乳，以免造成流产或导致胎犬畸形。

(9)妊娠期间，如果发现母犬患病，要及时请兽医治疗，不能自己乱投药，以免引起流产或造成胎犬畸形。

(三)妊娠犬的疾病预防与保健

(1)配种前，带上母犬的免疫卡、病历前往宠物医院，选择一个有丰富经验、负责任的兽医，对母犬做一次疾病检查和健康评估，对于保障妊娠犬的健康十分重要。

(2)饲喂营养均衡的食物,提高机体抗病能力,是保证妊娠犬健康的前提条件。随着胎犬逐渐增大,不同阶段的妊娠犬对营养的需求也各有差异,应合理选择营养丰富的犬粮,均衡供应蛋白质、脂肪、碳水化合物、无机盐和维生素,以满足胎犬的发育和妊娠犬自身生长所需。

(3)加强犬床(舍)清洁和犬体卫生护理。应定期对床(舍)进行较为全面的清洁和消毒,及时用化学药物或物理的方法杀灭和清除各种潜在的致病原。定期更换床垫,保证床(舍)干爽、通风。暂时不用的床(舍)等用具,应彻底清洗,经过一定时间晾晒后收藏。经常为妊娠犬梳理被毛,促进妊娠犬的皮肤血液循环,促进季节交替时妊娠犬的换毛和新毛的生长,提高妊娠犬的皮肤抗病力。

(4)保证妊娠犬有足够运动量。运动能促进犬的饮食、消化以及良好的发育,提高犬的抗病力是妊娠犬保健的必需项目。运动还能促进犬定时排便等良好卫生习惯的养成,改善室内卫生条件,也是妊娠犬适应环境、与宠物主人保持良好亲和关系的途径。但应避免剧烈运动,以免流产。

(5)定期驱虫。母犬在怀孕前应定期进行全面驱虫,确保体内无寄生虫感染,减少孕期驱虫的必要性和风险,若观察到母犬在妊娠期间有明显的寄生虫感染症状,如消瘦、呕吐、腹泻、粪便中有虫体等,才能考虑驱虫,且务必在医生的指导下驱虫。若无明显寄生虫感染迹象,不建议盲目驱虫。

(6)犬传染病的各种预防措施中,疫苗免疫是最为关键的措施。未进行免疫接种的犬,在怀孕前应补种全套基础疫苗(如六联苗、狂犬疫苗等)和加强免疫,为胎儿提供被动免疫保护(图 6-7)。若犬只孕期内必须接种疫苗(如紧急暴露于狂犬病病毒等特殊情况),需要在兽医严格评估后进行,仅能使用灭活疫苗,并密切监测母犬和胎儿状况。

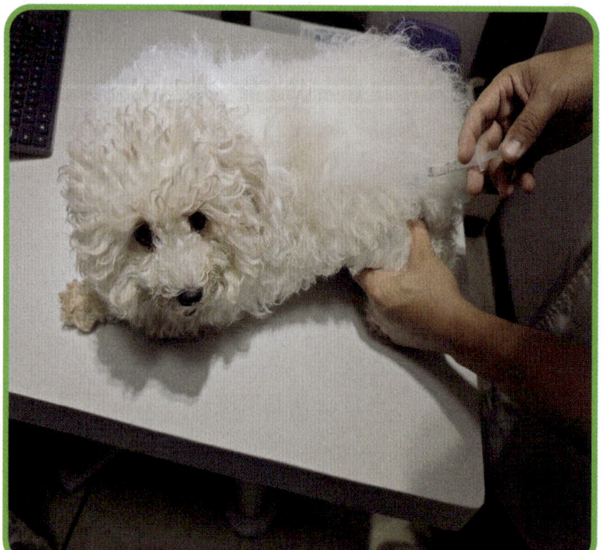

图 6-7　犬只注射疫苗

知·识·拓·展

一、犬胚胎的早期发育

雌犬排卵时间范围从发情前 2 d 到发情开始后 7 d，排卵时间受年龄影响，一般青年雌犬排卵较早，老龄犬排卵较迟；排卵数目因品种而异，一般为 4～6 个。

（一）犬胚胎早期发育阶段

犬排卵后卵子进入输卵管，在排卵后 24～48 h 受精形成受精卵；然后受精卵转移到输卵管中部，在 72 h 后开始分裂；在 90、120、144、168 和 192 h，受精卵分别发育到 2、2～5、8、8～16、16 个细胞，并转移到输卵管子宫端；在 204～216 h 后，桑葚胚进入子宫。在子宫里，桑葚胚很快发育成囊胚；在经过约一周的发育，即在配种后 17～22 d，胚胎附植在子宫里，即胚胎与母体间建立了胎盘联系，从而可从母体血液中吸收营养，并把代谢废物排入母体血液。

配种后 21 d，胎儿胎盘内充满液体，在子宫外表面可看到明显的卵圆形胚胎鼓起（图 6-8），此时胚胎突起的直径为 12～15 mm。

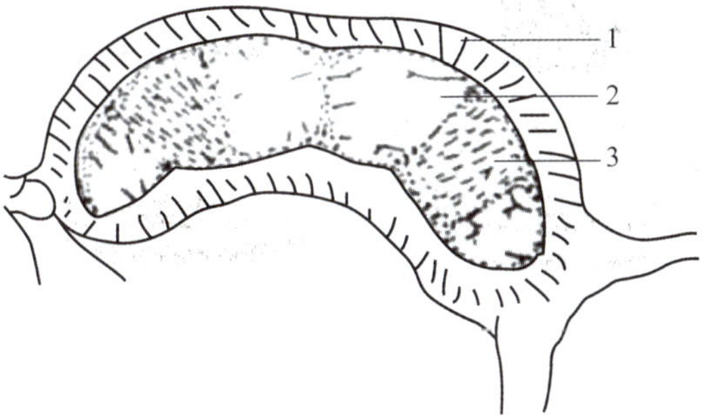

1. 子宫壁剖面　2. 绒毛膜无绒毛区　3. 绒毛膜带绒毛区（星带状）

图 6-8　犬妊娠子宫

配种后 28 d，胚胎突起形成球形，直径达到 25 mm，其质地与第三周时一样。到达 35 d，胎膜和子宫进一步扩大，各胚胎之间的分布现象变得不明显；由于胎儿不断发育长大，其重力向下牵拉子宫，使子宫从骨盆前缘向下弯曲进入腹腔后部。在配种后 49 d，子宫占据了腹腔从骨盆前缘到肝脏的全部空间，并向背部和后部发展。

（二）犬的胎盘

按照形态，犬的胎盘属于带状胎盘，即胎儿胎盘呈腰带状，环绕在卵圆形的尿囊绒毛膜中部（图 6-9）；子宫内膜上也形成相应的带状母体胎盘（图 6-10）。按照母体血液和胎儿血液之间的组织层次，犬胎盘属内皮绒毛膜胎盘，即只有子宫血管内皮和绒毛的上皮、结缔组织及胎儿血管内皮共 4 层组织将母体血液和胎儿血液分开，子宫黏膜的上皮和结缔组织消失。

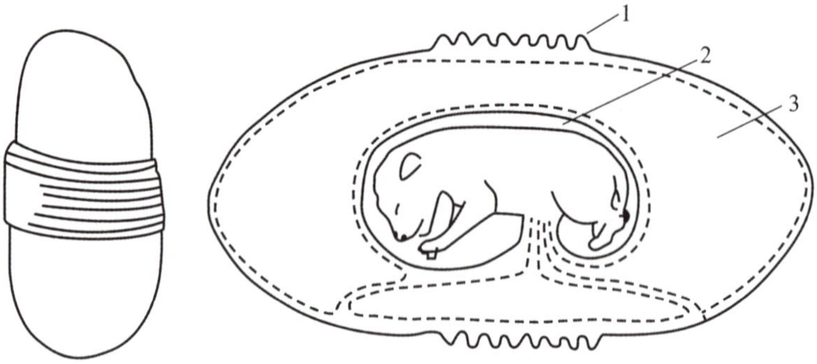

1. 绒毛　2. 羊膜囊　3. 尿囊

图 6-9　带状胎盘

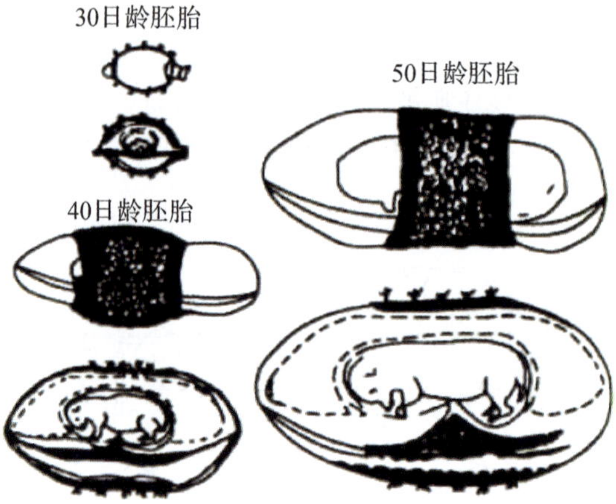

图 6-10　犬的胚胎发育模式图

二、妊娠犬的营养需要

妊娠犬的营养需要见表 6-1。

表 6-1　妊娠犬的营养需要表

推荐日粮营养成分(按干物质计算)		与未妊娠状态相对比的食物消耗量/%	
蛋白质/%	20～40	妊娠时间	
脂肪/%	10～20	1～3 周	100
钙/%	1.1	4～6 周	100～125
磷/%	0.9	7～9 周	125～150
维生素 A/IU	5 000～10 000	哺乳时间	

续表 6-1

推荐日粮营养成分(按干物质计算)		与未妊娠状态相对比的食物消耗量/%	
维生素 D/IU	500～1 000	1～2 周	150～200
维生素 E/IU	50	3～4 周	200～300

任务二　分娩犬的护理

情境导入

欣欣家的德国牧羊犬产下 6 只仔犬，其中有一只新生仔犬可视黏膜青绀、有心跳但没呼吸。同学们，碰到这种情况你应该怎么做？学习本任务后你就会应急处理这种情况了。

微课　分娩犬的护理

一、产前准备

按预产期推算，母犬应提前 5～10 d 进入产房。产房的墙壁和地面须用消毒液冲洗，保证产房清洁、安静、干燥(相对湿度在 60%～75%)、保温(房内温度在 23～28 ℃)、空气新鲜。房内要铺设垫草，盛满饮水，同时要备好接生用具和药品(如剪刀、注射器、碘酊、药棉、催产素等)。产前要将母犬的腹部、乳房及阴户附近的污物清除，然后用 2%～5%的来苏儿溶液进行消毒，消毒后清洗擦干。

二、临产征兆

(一)母犬行为出现异常

临产前的母犬行为会出现异常。比如，食欲不振、不安、气喘、呼吸加快、寻找隐蔽的分娩场所，有些母犬有筑窝行为，室内饲养的小型犬多表现为围着家人求助。

以下这些表现，都是比较典型的临产特征：

(1)母犬在分娩前 2 周内，乳房迅速发育、膨大、腺体充实。

(2)分娩前 2 d，可以从乳头中挤出少量清亮的液体或初乳。

(3)分娩前数天，阴唇逐渐柔软、肿胀、充血，阴唇皮肤上皱襞展平，皮肤稍变红；阴道黏膜潮红；骨盆部韧带变得柔软松弛，荐坐韧带也变软；臀部肌肉明显塌陷。

（4）分娩前 24～36 h，母犬食欲大减甚至停食，大便稀薄，行为急躁，不断用前肢扒地，尤其是初产母犬，表现更为明显。

（5）分娩前 3～10 h，开始发生阵痛，母犬坐卧不安，呼吸加快、气喘、呻吟或尖叫，抓扒地面，同时排尿次数增多，如果见有黏液从阴道内流出，说明犬几小时内就要分娩。通常分娩多在凌晨或傍晚，在这两段时间里应特别留心观察。

（二）体温变化

母犬一旦要准备生产，除了行为有异常，体温也会出现下降。临产前，一般犬的正常体温会从 38.3 ℃明显下降到 36.5～37.2 ℃。当体温回升时，表明即将分娩。

根据实际测定结果得知，大多数母犬的体温，在第 1 个胎儿娩出前 9 h 为 36.4～37.2 ℃（最低体温），比生理体温低 1 ℃。因此，可根据宠物犬妊娠末期明显的体温变化，来预测分娩的时间。通过母犬的异常行为以及体温下降现象，我们可以轻松掌握母犬即将生产的信号。

三、分娩过程

分娩过程可分为准备阶段，排出胎儿、胎盘阶段及子宫复原阶段。

（一）准备阶段

以子宫外口扩张和子宫纵肌及环肌的节律性收缩为特征。一般为 3～10 h，初产母犬时间要长一些。此阶段结束时，由于子宫颈扩张而使子宫和阴道成为一个相连续的管道从而促使胎儿和尿囊绒毛膜被迫进入骨盆入口，尿囊绒毛膜在此破裂，尿囊液就顺着阴道流出阴门外。

（二）排出胎儿、胎盘阶段

随着强烈的阵痛，母犬子宫口扩大，把胎儿顺利地向前推进而产出体外，其余的胎儿也相继出生。一般每只间隔 10～30 min，个别长达数小时。如果拖延时间长，可注射催产素。胎盘的排出与子宫收缩有关。母犬每个胎盘都附着于胎儿，在出生时有的胎膜完全包住胎儿，如果不及时将它撕裂，胎儿会窒息死亡。大部分母犬会舐食羊水和胎膜，并咬断脐带和舔新生仔犬。仔犬全部产出后隔 10～30 min 便排出胎盘。

（三）子宫复原阶段

胎儿和胎盘排出后，子宫恢复到未妊娠大小的过程为子宫复原阶段。以收缩作用来缩短已延伸的子宫细胞，该过程约持续 45 d 及以上。

四、接产的护理

(1)犬分娩场所　应该保持阴暗,四周严禁人围观,最好无嘈杂声,否则会使母犬难产。

(2)注意观察母犬咬脐带　发现母犬有“食崽癖”时,及时制止。

(3)母犬产后吃胎盘　这是正常现象,具有催乳作用,但一般吃 2～3 个就可以了,吃多了会导致消化不良。

(4)母犬难产　当母犬已从阴门流出多量稀薄黏液达数小时,或者胎儿露出阴门 10 min,还不能全部生产,说明母犬难产了,这时要给予助产或剖宫产。如果母犬子宫收缩或产仔时间间隔超过 2 h 的话,说明母犬出现了异常,如原发性子宫收缩无力(疲劳、低血糖)或继发性子宫无力。

可使用催产素,刺激子宫收缩,一般的母犬在催产素的作用下可以产下幼犬。当药物无效或分娩通道内有明显障碍时,要果断决定剖宫产,而且建议最好摘除子宫,防止由于难产因素而造成继发的子宫感染。剖宫产对于幼犬来说,其生存能力取决于成熟程度、子宫收缩时间长短和手术干预的及时性。

(5)大出血　分娩时,若阴道内仍有较多的鲜红色排泄物流出,则预示产道可能有大出血,应用脱脂棉将阴道堵塞,迅速送往诊所治疗。

(6)假死抢救　刚出生的仔犬,由于鼻腔被黏液堵塞或羊水进入呼吸道,常造成窒息、假死。此时必须进行人工救助,立即将仔犬两后腿倒提起来头朝下,把羊水排出,然后擦干口、鼻内及身上的黏液。也可人工呼吸,即有节律地按压胸壁。最后把仔犬轻轻地放到母犬乳头附近,让仔犬吃奶。

五、母犬产后护理

(1)产后由于母犬整个机体特别是生殖器官发生了剧烈变化,抗病能力明显降低,而且身体虚弱,很容易受到微生物的侵袭,因此要特别注意母犬外阴部和乳房的清洁卫生。要经常用消毒液清洗母犬外阴部、尾巴和后躯,即先用消毒液浸泡过的温毛巾擦拭乳房,再用清水清洗干净,防止仔犬吸入消毒药水。

(2)母犬产后因保护仔犬而变得很凶猛,刚分娩过的母犬,要保持 8～24 h 的静养,陌生人切忌接近,避免母犬受到骚扰,致使母犬神经质,发生咬人或吞食仔犬的后果。

(3)刚分娩过的母犬,一般不进食,可先喂一些葡萄糖水,5～6 h 后补充一些鸡蛋和牛奶,直到 24 h 后正式开始喂食。此时最好喂一些适口性好、容易消化的食物。最初几天喂给营养丰富的粥状饲料,如牛乳冲鸡蛋、肉粥等,少量多餐,一周后逐渐喂给较干的饲料。

(4)注意母犬哺乳情况,如不给仔犬哺乳,要查明是缺乳还是患病,及时采取相应措施。泌乳量少的母犬可喂给牛乳或猪蹄汤、鱼汤和猪肺汤等以增加泌乳量。

(5)有的母犬母性差,不愿意照顾仔犬,须强制它给仔犬喂乳。对不关心仔犬的母犬,还可以故意抓一只仔犬,并使它尖叫,这可能会唤醒母犬母性本能。此外,仔犬此时行动不灵活,要随时防止母犬挤压仔犬,如听到仔犬的短促尖叫声,应立即前往察看,及时取出被挤压的仔犬。

(6)做好冬季仔犬的防冻保暖工作。可增加垫草、垫料,犬窝(舍)门口挂防寒帘等。如犬舍温度过低,也可用红外线加热器,调节至仔犬所需的适宜温度。为了刺激仔犬排泄,母犬必须用舌舔仔犬臀部,如母犬不舔,要在仔犬肛门附近涂以奶油,诱导母犬去舔。

知·识·拓·展

一、各类难产的助产方法

关于宠物犬难产的助产,应根据不同的难产类型,采取不同的助产方法。

(一)娩出无力性难产的助产方法

当母犬精神状态较好时,在确定胎儿、产道无异常的前提下,可采用药物助产。常用催产素 5～10 IU 肌内注射,让其自然分娩。为加强子宫肌肉对催产素的敏感性和促进子宫颈的开张,应在注射催产素前先注射苯甲酸雌二醇 1～2 mg,也可同时静脉注射 10%葡萄糖酸钙 10～20 mL,以增强子宫的收缩。如果应用催产素后 30 min 母犬无反应,可再次使用。药物治疗后 1～4 h 未见效应者,应采取产科器械引产或剖宫取胎。对于催产无效的原发性宫缩乏力或子宫迟缓者,可将手指伸入产道抓住胎儿上颌等,另一只手从外面压迫腹壁协助胎儿排出。对于子宫强直和破水过早者,宜先镇静,润滑产道后视情况再行助产。

(二)胎儿异常性难产的助产方法

对于胎儿轻度异常的患犬先进行矫正和牵引,但应避免对胎儿及母体产道的伤害。助产时将右手中指伸入阴道,左手腹壁配合进行矫正后可注射催产素催产。对于胎儿过大,可矫正牵引进行助产。若助产无效,胎儿尚存活时可行剖宫产术。对于胎儿已发生死亡的可进行适度的截胎,将胎儿分割取出。对于胎儿绝对过大和严重畸形的可行剖宫产或截胎术。

(三)产道异常性难产的助产方法

对于骨盆狭窄的犬,胎儿存活时可行剖宫取胎;胎儿已死亡时可行截胎术,截胎无效时则剖宫取胎。对于子宫颈开张不全、子宫扭转、宫外孕、胎盘黏连等引起的难产,只能行剖宫取胎术。对于外阴偏小引起的难产,胎儿通过有困难时,可行外阴部切开。

二、新生仔犬假死的急救

新生仔犬窒息也称为假死,是指刚产出的仔犬呈现呼吸障碍,或无呼吸而仅有心脏活动。如果不及时采取抢救措施,仔犬往往死亡。

(一)假死的症状

(1)主要表现为角膜反射存在,脉搏快而弱,呼吸不匀。

(2)可视黏膜青绀。

(3)舌垂于口外,口鼻中有黏液。

(4)呼吸时口一张一合,胸壁剧烈扩张,吸气时间延长,肺部听诊有湿啰音,四肢无力。

(5)严重者黏膜苍白,全身松软,反射消失,呼吸停止,心跳微弱。严重者预后不良。

(二)假死的急救

(1)疏通呼吸道　用干纱布或毛巾擦净口鼻中黏液、羊水或用连有注射器的橡皮管伸入鼻孔和气管吸出黏液、羊水。

(2)用草秆刺激或在仔犬身上泼冷水以诱发仔犬的呼吸反射。如仍无呼吸,可将仔犬后肢提起抖动,并有节律地轻压胸腹部,以诱发呼吸,同时促使呼吸道内的黏液排出。

(3)人工呼吸　有节律地按压胸部,借助膈膜的活动,使胸腔容积交替扩大和缩小以诱发呼吸;用羽毛刺激鼻黏膜或将氨水瓶放于鼻端刺激黏膜;用凉水冲头部,将仔犬仰卧头部放低,一人按压两侧季肋,交替扩张和压迫胸壁,扩张时助手拉出犬舌于口外以利于吸气,压迫时将舌放入口腔,如此反复进行以诱导呼吸。

(4)人工注气　清除呼吸道黏液后有节律地向气管内注入空气,压力不可过大,以防导致肺气肿。

(5)注射药物　因给母犬用麻醉药而将胎儿麻醉者可静脉注射苏醒灵;也可注射强心剂,如强尔心等。

任务三　哺乳犬的护理

情境导入

萍萍家的比熊犬生了7只仔犬,但是母犬没有乳汁,仔犬一直不停地叫,怎么让这只哺乳期的比熊犬产更多乳汁呢?通过本任务的学习,你就能掌握相关技能。

对于哺乳期母犬,其护理要求是供给充足的营养,促进母犬的产后恢复和分泌乳汁。

微课　哺乳犬的护理

一、饮食管理

(一)食物组成

哺乳期母犬要泌乳以哺育仔犬,所以食物应全价、营养均衡、适口性好、容易消化。产后最初几天喂给营养丰富的肉类饲料,如牛乳冲鸡蛋、肉粥等。同时要补充维生素和矿物质,必要时还要补钙。分娩过程中,母犬会失去很多水分,产后应提供足够的温水,同时应供给有利于产乳的食物。哺乳期母犬的食物切忌突然改变,以免引起消化疾病,影响乳的产量和品质。

(二)饲喂次数

每天可多喂几次,每次间隔的时间要均匀,尤其是母犬产后几天,体质较弱,消化力不强,往往为了满足泌乳的需要而贪食,如不增加饲喂次数,致使其吃得太多,不利于母犬内脏器官功能的恢复,易引起消化不良,使泌乳量降低。每天应给母犬喝清洁的饮水,并注意饮食卫生。仔犬断乳前 3～5 d,逐渐减少母犬饲喂量。

二、护理措施

(一)卫生保健

保持产房的清洁卫生,特别是母犬躺卧的产床,应经常用消毒的毛巾擦拭,防止母犬外阴和乳房接触病原而感染。犬舍内保持清洁、干燥,垫物经常日晒消毒、及时更换。犬舍内外环境应每周进行 1～2 次消毒;各种用具每餐后要洗刷,每周也应进行 2 次消毒,先用消毒液浸泡,然后洗净,最后用清水冲洗。

犬不会自我舐刷体毛,因而保持体表卫生方面应予以人工辅助。特别是长毛犬在妊娠期及哺乳期应经常进行被毛梳刷,一般每天梳刷 1～2 次。这样不仅具有清洁犬体、促进体表血液循环的作用,而且可刺激皮肤、消除疲劳、防止体外寄生虫繁殖,预防皮肤病,增强被毛光泽,保证健康。

在给哺乳母犬用药时,应充分考虑药物的毒副作用,禁止使用影响泌乳及仔犬生长发育的药物。

(二)适当运动

母犬进行适当运动,既有利于促进血液循环、增加食欲,又有利于身体的发育和乳汁的分泌。在气候适宜、天气晴朗时，每天应到室外活动2次，每次半小时左右，但要避免剧烈运动。

（三）保持安静

要注意保持周围环境安静，正常情况下尽量减少进出产房次数，以免影响母犬的哺乳和休息。

（四）增强日光浴

阳光的直接照射对产后母犬十分有益。首先是在阳光紫外线的作用下，机体合成维生素D，具有抗佝偻病和促进钙质吸收的作用，可防止母犬因缺钙而引起骨质疏松。其次，紫外线可以杀死体表被毛上的致病菌，防止某些传染病和霉菌病的发生。适度的阳光照射还能加快体表血液循环，促进机体的新陈代谢，提高机体的抵抗力。

知·识·拓·展

母犬产后无乳

母犬产后或泌乳期乳腺机能异常，可引起泌乳不足，甚至无乳。多见于初产母犬。

一、母犬产后无乳的病因

（1）母犬的乳腺发育不全、内分泌机能障碍、体质瘦弱、肥胖或患有严重疾病，以及妊娠后期营养缺乏等。

（2）母犬精神紧张。

二、母犬产后无乳的诊断要点

（1）临床可见母犬乳房松软、缩小、乳汁逐渐减少或无乳，或是突然无乳汁排出。

（2）仔犬吮乳次数增加，并经常用头抵撞乳房，并且幼犬常因饥饿而吠叫。

（3）母犬有时因为疼痛而拒绝哺乳。

三、母犬产后无乳的防范措施

（1）改善饲养管理，喂以富含营养的食物或汤类食饵催乳。同时，要让病犬在安静、熟悉的环境中生活。

（2）温敷及按摩乳房是重要的刺激乳腺机能的方法，可每天进行2～3次。

（3）母犬产后即喂催乳糖浆或催乳糖片，也可试用中药催乳。

任务四　新生仔犬的护理

情境导入

师师的泰迪犬产下6只仔犬，由于母乳不够吃，师师决定给小泰迪宝宝找代乳妈妈。同学们，遇到这种情况你应该怎么做？

▶ 微课　新生仔犬的护理

一、新生仔犬的特性

初生仔犬两眼紧闭、两耳闭塞，听不见、看不着、反应迟钝、行动不灵活。出生后13 d，眼睛才睁开，13～15 d才有听力。哺乳期的幼犬生长发育快，10日龄的仔犬体重常是初生重的2倍以上。物质代谢旺盛，对营养物质的质量要求很高，对营养不全反应特别敏感，消化器官不发达，消化机能不健全。初期只能吃初乳，随着胃肠等器官的发育，功能的不断完善，才逐渐过渡到能消化初乳以外的其他食物。因此，哺乳仔犬对食物的质量、形态和饲喂方法、次数等有特殊要求。另外，幼犬体温调节机能不全，对寒冷的适应能力很差。

二、新生仔犬的护理

仔犬在出生后1周内死亡率最高，因此要特别做好哺乳仔犬的饲养管理工作。

（一）及早吃上初乳

母犬最初3～5 d所产的乳称为初乳。初乳中含有丰富的球蛋白和清蛋白，蛋白质含量很高。还含有大量的母源抗体，可使仔犬获得后天免疫力。初乳中含有多达15%的免疫球蛋白，而常乳中只有0.05%～0.11%；初乳中的维生素A和维生素C含量比常乳高10倍，维生素D含量比常乳高3倍。初乳中还含有镁盐，能促进胃肠蠕动，具有缓泻作用，能促进胎粪的排出。最好让仔犬出生后30～60 min内吃上初乳。

（二）保温防冻

初生仔犬的体温较低，出生后40 min时为33～34 ℃，出生后7～10 d为36～37 ℃，仔犬体温调节中枢发育不全，对体温调节能力差，特别怕冷，这时如果舍内温度过低，仔犬就会出现昏迷状态，当舍内温度降到－10 ℃时，仔犬就可被冻死，保温防冻是提高仔犬成活率的必要措施（图 6-12）。冬季产房温度要保持在 15～18 ℃，若仔犬靠在一起相互取暖，说明温度偏低，若仔犬单个仰卧，说明温度偏高，可据此调节到仔犬所需的适宜温度。仔犬出生后前 3 d，应精心看护，防止仔犬被压死或踩死。

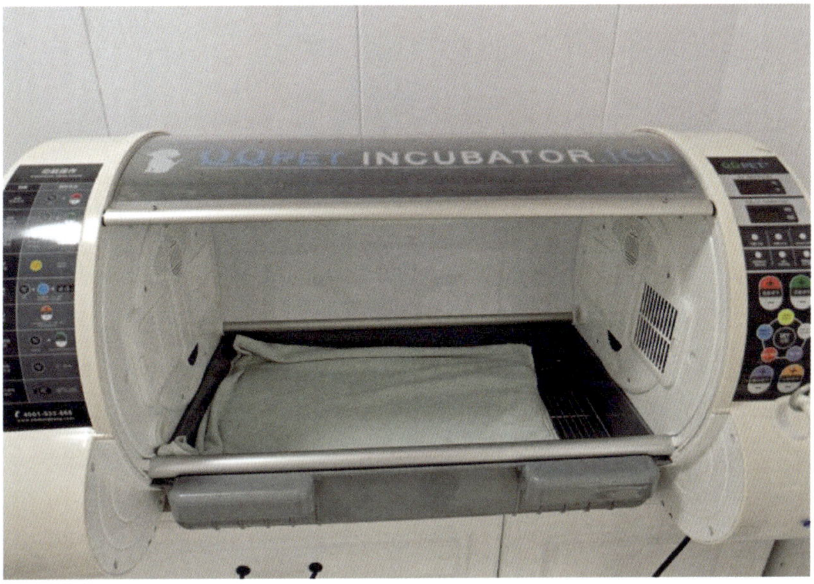

图 6-12　仔犬保温箱

（三）刺激排便

出生 1～13 d 的仔犬，排粪、排尿功能尚未健全，主要靠母犬舔肛门、生殖器的刺激进行排泄。有的母犬母性不强或老龄犬对仔犬照顾不周，此时护理人员需用温热的湿毛巾擦拭仔犬肛门和会阴部，以刺激排便；或把肉汤、鸡蛋清等涂抹在仔犬肛门周围，引诱母犬去舔仔犬肛门，以促使其排便。

（四）寄养哺乳

有的母犬产后无乳或因故死亡，为了使这些仔犬成活，可将仔犬寄养给其他正在哺乳的母犬（保姆犬）。保姆犬应选择性情温顺、母性强、泌乳量多的母犬。寄养的仔犬与原窝仔犬在日龄上越接近越好。寄养仔犬时，为了避免保姆犬咬伤新寄入的仔犬，可将寄入的仔犬和原窝仔犬都涂上保姆犬的乳汁或尿液，这样寄养仔犬容易被保姆犬接受。为了防止意外，刚开始可给保姆犬戴上口笼，待其允许仔犬吮乳后再摘下。当没有合适的保姆犬时就要采用人工哺乳，但生后 7 d 内的仔犬很难喂活。人工哺乳可用牛乳或奶粉。由于牛乳中乳糖含量比犬乳高，仔犬吃牛乳容易引起腹泻，因此喂牛乳时应按 1∶3 比例加水稀释，将新鲜牛乳加热到 92～95 ℃，维持 10 min 灭菌后再喂。乳温以 36～38 ℃为宜，温度过低会引起下痢。小日龄的犬可慢慢滴喂，以免吞咽不及。出生后 10 d 以内的仔犬白天每隔 2～3 h 喂 1 次，夜间每隔 4～6 h 喂

1 次，每昼夜不少于 100 mL。出生 10～20 d 的仔犬喂奶量每天 200～300 mL，分 4 次喂给。

(五)适时补饲

母犬泌乳量于产后 21 d 左右开始下降，此时单靠母乳已经不能满足仔犬的营养需求了，若不及时补饲，会严重影响仔犬生长发育，所以在仔犬出生后 20 d 左右就应开始补饲。可饲喂稀粥、肉汤或米饭、犬粮等，供仔犬自由采食，每天 3 次。

(六)适当运动

出生 5 d 以后，天气好时把仔犬抱到室外与母犬一起晒太阳，一般每天 2 次，每次半小时左右，使其呼吸新鲜空气；利用阳光中的紫外线，杀死仔犬身上的细菌；促使骨骼发育，防止骨软化症的发生。当仔犬能行走时，可放到室外，开始时间要短，以后逐渐延长。出生 13 d 左右，仔犬方能睁眼，这时要避免强光刺激，以免损伤眼睛。出生 20 d 以后，遇晴朗天气，可让母犬带着仔犬在院内活动，时间不限，到晚上或阴雨天再搬进产房内；如果仔犬被雨淋湿，则要马上用干毛巾擦干，放回窝内，注意保温，防止感冒。

(七)其他

出生 20 d 左右给仔犬修 1 次趾甲，以免在哺乳时抓伤母犬的乳房。出生 30 d 时，用驱虫净驱虫，以后每月 1 次。仔犬身上易沾污物，初期母犬可随时去掉，但之后主人需要经常给仔犬进行刷拭和洗澡，每 2～3 d 1 次，以保持身体的清洁。

知·识·拓·展

常见新生仔犬疾病与急救护理

一、新生仔犬溶血病

新生仔犬溶血病又称新生仔犬毒乳症，是新生仔犬的一种严重的致死性疾病。

1. 临床症状

新生仔犬出生后完全正常，但是吮吸初乳后即可发病。精神沉郁，体重减轻，然后出现贫血和黄疸症状，有的甚至出现血红蛋白尿，不断排出含有白色泡沫样的稀便，有的出现呻吟，胃肠道出现臌气，而后突然抽搐死亡。随黄疸加深可出现贫血、肝脾肿大，严重者发生脑病。有的出生时已有严重贫血，可导致心力衰竭、全身水肿，甚至死胎。

2. 急救处理与护理

(1)此病的关键是及早发现，及时确诊。确诊后及时停喂母乳，更换其他母犬的乳汁，这样才能及时地挽救仔犬。

(2)对患犬进行对症治疗，口服泼尼松龙 2 mg/kg 体重，以抑制网状内皮系统吞噬红细胞。口服 2%～3%的葡萄糖溶液，以稀释和迅速排泄进入体内的游离胆红素。

(3)对重度贫血的患犬，可腹腔内输血 20 mL。

二、新生仔犬低血糖

低血糖是指机体血糖含量过低，临床主要表现为神经症状。

1. 病因

多由受凉、饥饿或胃肠功能紊乱而引起。

2. 诊断要点

患犬病初精神沉郁，步态不稳，颜面肌肉抽搐，全身阵发性痉挛，很快陷入昏迷状态，血糖可降至 30 mg/100 mL。

3. 急救处理与护理

静脉注射 10%葡萄糖溶液 2～5 mL/kg(体重)，也可配合皮下注射醋酸泼尼松 0.2 mL/kg(体重)。

任务五　幼犬的护理

情境导入

莎莎家里养了一只漂亮的西施犬爱莎，最近爱莎的眼睛总是红肿，有泪液，怎样才能在平时的照顾中避免这些现象呢？学习本任务内容就可以护理好爱莎的眼睛。

微课　幼犬的护理

一、幼犬入室前的准备

(一)给幼犬营造一个安全舒适的环境

房间内的家具、物品之间尽量不要留有狭小的空隙，以免幼犬的脑袋卡住，造成身体伤害；将所有电器的电源插头从插座上拔掉，以免幼犬啃咬触电；将所有的清洁物品及装饰物品放在幼犬无法触及的地方；所有药品、杀虫剂和洗涤类用品都应妥善放置，在使用后应把瓶盖盖紧，防止幼犬吸食中毒；将别针和裁缝用具等细小物品妥善保管，以免幼犬吞食带来致命后果；准备保暖的犬床(可用一个纸箱给幼犬制作简易犬床)，并在犬床里面铺上棉絮、毛巾毯等作为垫子；防止贼风、过堂风，以防犬感冒。

(二)食具的准备

选择坚固不易损坏、便于洗涤、底部较大不易打翻的器皿作为食具(食盆和水盆),如陶瓷盆、不锈钢盆、铝盆、铁盆均可。食具的大小形状要依犬的大小、外形而异,如扁脸短鼻犬种,应该用浅器皿;耳朵较长的犬种,应该用小口的食具,将耳朵留在外面。清洗食盆和水盆,然后用来苏儿溶液进行消毒。

(三)常用物品的准备

常备一些药用棉、棉签、纱布、消毒药(来苏儿、新洁尔灭等)、30%碘酊、紫药水及抗生素药膏等。

(四)便盆的准备

室内养犬一定要有便盆,盆内可放上旧报纸或煤灰等,以随时更换。也可训练犬到卫生间大、小便。

(五)玩具的准备

幼犬在长牙齿时会有搬运和咬东西的行为,因此,必须根据犬的爱好准备一些不易吞食、不易破碎、无毛的棒状(或球状)玩具和犬咬胶,供幼犬啃咬和玩耍。

(六)颈圈和牵绳的准备

1. 颈圈的准备

颈圈可由皮、尼龙、金属及棉带等制成,紧松、大小要适合犬体,并要随幼犬的生长及时调整或更换。不锈钢颈圈和链条美观耐用,但一般只用于短毛的中型或大型犬种。

2. 牵绳的准备

牵绳可用皮带、帆布带、纤维带或铁链等制成,小型犬一般用细软棉绳为好。牵绳的末端要有脱套方便且不会从颈圈上脱落的套钩。

二、幼犬日粮配制与饲喂

出生后 45 d 至 8 月龄的犬称为幼犬。按不同的发育阶段幼犬的消化特点和生长发育特点,以及对营养物质的需求情况配制不同的日粮。

(一)1.5~3 月龄的幼犬日粮配制与饲喂

(1)称取鲜牛乳 400 g、肉食 150 g、面食 150 g、大米 100 g、块根块茎植物 150 g、青绿植物 40 g、胡萝卜 20 g、骨粉 11 g、食盐 5 g、动物脂肪 4 g、鱼肝油 3 g、酵母 2 g。

(2)准备少许碎肉,煮熟,加入牛乳、绿色植物制成半流体状。

(3)将大米、面食、块根块茎植物混合至煮熟,再添加到上述半流体状的液体中,调制成糊状或食团。

(4)加入鱼肝油、酵母、骨粉、食盐后混匀。

(5)将调制好的适量日粮放入食盆中,每天饲喂 4～6 次。

(二)4～6 月龄幼犬日粮配制与饲喂

(1)称取鲜牛乳 300 g、肉食 250 g、动物脂肪 6 g、玉米 150 g、面食 150 g、青菜 60 g、胡萝卜 30 g、骨粉 13 g、食盐 8 g、鱼肝油 5 g、酵母 4 g。

(2)准备少许碎肉煮熟,然后将胡萝卜和青菜切碎,一并加入鲜牛乳中,制成半流体状。

(3)将玉米、面食混合后煮熟,再添加到上述半流体状的液体中,调制成糊状或食团。

(4)加入鱼肝油、酵母、骨粉、食盐后混匀。

(5)将调制好的日粮放入食盆中,每天饲喂 3～4 次。

(三)7～8 月龄幼犬日粮配制与饲喂

(1)称取肉类 400 g、谷类 400 g、蔬菜 100 g、胡萝卜 60 g、骨粉 14 g、食盐 10 g、鱼肝油 8 g、酵母 6 g。

(2)将肉切块煮熟。

(3)加入切碎的蔬菜,稍加煮沸,做成菜肉汤。

(4)加入煮熟的谷物以及鱼肝油、酵母、骨粉、食盐等,调制成糊状或食团。

(5)将调制好的日粮放入食盆中,每天饲喂 3 次。

三、幼犬被毛的护理

(一)经常梳理被毛

经常梳理被毛能够防止被毛缠结,还可以促进血液循环,增强皮肤抵抗力,有利于幼犬的健康。一般每天早晚各梳 1 次,动作轻柔为宜,每次 3～5 min。

(二)洗澡不宜过勤

3 月龄以内的幼犬以干洗为宜,每天或隔天喷洒稀释 100 倍以上的宠物护发素或幼犬用干洗粉,勤于梳刷,即可代替水洗。

3 月龄以上的幼犬一般 2 周左右洗 1 次。洗澡的水温以 36～37 ℃为宜。

四、幼犬牙齿的护理

当食物碎渣或残屑贮留在牙缝里时，可引起细菌在牙缝里滋生，造成龋齿或齿龈炎症，影响犬的食欲和消化。因此要经常或定期检查和刷拭幼犬的牙齿，发现问题及时处理。

（一）牙齿护理

准备棉签一包、生理盐水一瓶、牙粉适量。

（1）将棉签浸泡在生理盐水中。

（2）用湿棉签擦去牙缝里的食物碎渣或残屑。

（3）用湿棉签蘸取牙粉，以清除牙垢，每周给幼犬刷牙 1 次。

（二）牙齿护理的注意事项

（1）不要使用人用牙膏，易刺激犬牙龈。

（2）幼犬的牙齿分布较稀（特别是乳齿和换牙期间），骨头等碎片容易卡在牙缝里，应尽量少给幼犬喂含骨头的食物。

五、幼犬眼睛的护理

有些眼球大、泪腺分泌多的犬，常从眼内流出多量泪液，使得眼角下被毛变色，如京巴犬、西施犬、贵宾犬等，因此要经常检查犬的眼睛。当犬患上某些传染病（如犬瘟热等），特别是患有眼病时，常引起眼睛红肿，眼角内存积有多量黏液或脓性分泌物，这时要对眼睛进行精心治疗和护理。

（一）眼睛护理

准备好医用棉球、2%硼酸溶液、生理盐水、眼药水、眼药膏等。

（1）用棉球蘸生理盐水将犬眼睛四周的长毛向四周分开。

（2）有些犬，如沙皮犬，常因头部有过多的皱皮，而使其眼睫毛倒生。倒生的睫毛会刺激眼球，引起犬的视觉模糊、结膜发炎、角膜混浊。可用镊子将倒生的睫毛拔掉，严重者可做手术处理。

（3）用棉球蘸 2%硼酸溶液，由眼内角向外轻轻擦拭，但不能在眼睛上来回擦拭，一个棉球不够可再换一个，直到将眼睛擦洗干净为止。

（4）擦洗完，再给犬眼内滴入眼药水或擦眼药膏，以清除炎症。

(二)眼睛护理的注意事项

用棉球擦拭眼睛时,动作要轻,以免损伤结膜。

六、幼犬耳朵的护理

幼犬的耳道很易积聚油脂、灰尘和水分,尤其是大耳犬,下垂的耳壳或耳道附近的长毛常把耳道盖住,耳道会由于空气流通不畅,易积垢潮湿而感染发炎。因此,要经常检查犬的耳道,如果发现幼犬经常抓耳朵,或不断用力摇头摆耳,应及时仔细地检查。

(一)耳垢清除前的准备

(1)准备耳道消毒用的酒精棉球。

(2)配制软化耳垢用的 3%碳酸氢钠滴耳液或 2%硼酸溶液。

(3)将镊子用酒精棉球擦拭消毒。

(二)耳垢清除的方法与步骤

(1)先用酒精棉球消毒外耳道。

(2)用 3%碳酸氢钠滴耳液或 2%硼酸溶液滴于耳垢处。

(3)待干固的耳垢软化后,用小镊子轻轻取出。

(4)再用酒精棉球擦拭并消毒内耳道和外耳道。

(三)耳垢清除的注意事项

(1)镊子不能插得太深,以免伤到耳膜。

(2)清除耳垢时应仔细观察耳道中有无寄生虫,如果有寄生虫,应及时用合适的药物给予治疗。

知·识·拓·展

一、幼犬的生理特点

幼犬时期是犬生长发育的一个重要时期。幼犬在 3 月龄主要增加体重,在 4～6 月龄主要增加体长,7 月龄后主要增加体高,所以,在饲养管理中应在幼犬的不同发育时期给予相适应的营养。

幼犬活泼好动，调皮贪玩，独立生活能力差，对主人的依赖性较强，尤其在刚断乳时，由于生活条件和环境的改变，会引起幼犬的恐慌和不安，甚至消化不良、食欲不振等。气候的变化，寄生虫的感染以及异地运输等，也会造成幼犬生长发育迟缓。

二、幼犬的免疫和驱虫

（一）幼犬的防疫

为防止犬传染病的发生，幼龄犬必须按免疫程序的要求，定期注射疫苗。目前幼犬常用的疫苗有六联苗或七联苗，主要用于预防狂犬病、犬瘟热、细小病毒病、钩端螺旋体病、副流感、冠状病毒病等。

幼犬的免疫时间：第 1 次接种时间为 6～8 周龄；第 2 次接种与第 1 次间隔 2～3 周最佳；第 3 次接种再间隔 2～3 周。

（二）幼犬的驱虫

犬体内寄生虫主要有线虫、蛔虫、绦虫和吸虫。一般服用丙硫苯咪唑，口服剂量为 25 mg/kg（体重），1 次/d，连用 3 d。对犬体外寄生虫，可采用皮下注射伊维菌素，并配合外用药进行治疗。一般在犬 30 日龄时进行第 1 次粪检和驱虫，以后每月定期抽检和驱虫 1 次。为防止污染环境，犬驱虫后排出的粪便和虫体，应集中堆积发酵，做无害化处理。

任务六　老年犬的护理

情境导入

园园的松狮犬今年 10 岁了，体形偏胖，园园打电话向宠物医生咨询，日常生活中应怎样做好老年犬的保健护理呢？

一、常规检查

对老年犬只进行常规检查，测量犬的三大生理常数：体温、呼吸、脉搏。

微课　老年犬的护理

二、刷牙

给犬刷牙时，注意观察牙齿是否健康。如果已经形成牙结石，应到宠物医院洁牙。老年犬麻醉时对肝、肾都有影响，因此洁牙不要过于频繁。如牙龈已发炎，应尽快就医。

三、清洁护理

定期给老年犬梳理被毛，梳理过程中可以检查它的身体有无包块、淋巴是否肿大、皮肤是否健康。注意梳理的力度要适当，既要起到按摩的作用又不能用力过大。给老年犬洗澡不能时间过长，也不能用烘毛机。

四、创造舒适的生活环境

选择柔软舒适的犬窝，创造安静的环境。老年犬需要稳定、有规律、慢节奏的生活，不要轻易改变其作息时间。由于老年犬比较迟钝，抚摸它之前应该先轻声呼唤它的名字，让它对主人的到来有所准备，免受惊吓。

五、合理运动

老年犬身体老化，一些重要器官会逐渐衰退，活动量会减少，不应做剧烈运动，如奔跑、游泳等，日常散步即可满足它的运动需求。

六、营养保健

老年犬的食物要松软、易消化、高钙、低磷、低盐、含有优质蛋白质和维生素，建议选用质量可靠的老年犬专用犬粮。对于患有某些疾病的犬，应选用相应的专业处方粮。自配日粮可适当增加一些肉类、鱼类、蛋类、蔬菜等，并注意维生素、钙的补充。老年犬容易发生便秘，应适当增加蔬菜的摄入。老年犬运动量减小，采食量也随之减小，消化能力降低，因此在喂食方法上可采取少量多餐制，减轻老年犬的肠胃负担、保证营养充分吸收。同时还要注意供应充足、清洁的饮水。

任务七　住院犬、猫的护理

情境导入

欣欣养的贵宾犬爱宝腹部疼痛，经过宠物医生检查确诊为尿道结石，医生要求手术后住院观察，在住院期间怎么照顾好爱宝呢，学习本任务内容你就知道怎么照料住院犬了。

犬、猫住院期间，要给予足够的关注和爱抚，以及提供安全和舒适的环境。与住院宠物建立互相信任的关系。

一、做好隔离工作，防止住院犬、猫的交叉感染

（一）增强抵抗力

对患病动物加强营养，增强抵抗力，早日治愈出院，减少感染机会。

（二）治疗期间工作

切断传播途径，消灭传播媒介。入住前，笼舍严格消毒，每日打扫，定期更换或消毒各种物品。保持住院动物的清洁卫生，及时清污，病室内要保持清洁卫生，勤扫地、勤拖地，经常开窗、通气，保持空气新鲜。要及时清理排泄物，减少呼吸道疾病感染的机会。餐具、水瓶等物品要专用，勤倒勤洗，并经常用消毒液进行处理。饭前要对餐具严格消毒，食物来源洁净，避免消化道传染病发生。

（三）陪护人员应严格遵守陪护制度

与患病犬、猫有任何接触，都要严格消毒。探视患传染病的动物时，最好穿消毒隔离衣和隔离鞋，戴上口罩。探视术后动物前最好不与医院其他物品相接触，不得喂饲被污染的食物，探视时不得碰触宠物伤口，以免伤口污染。

二、建立住院病历档案

要建立病历档案（图 6-13），检查身体，观察和记录住院宠物的生理参数。

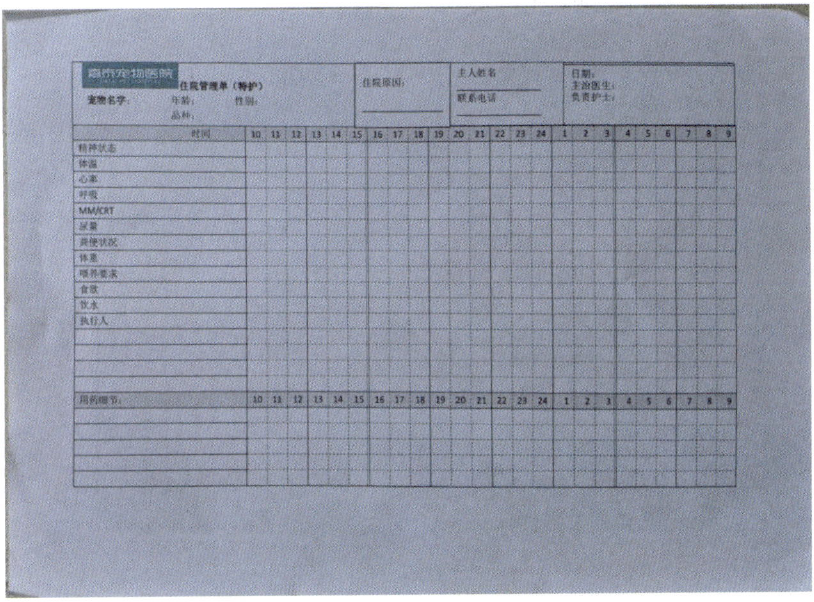

住院管理单（特护）
宠物名字：　年龄：　性别：
品种：
住院原因：
主人姓名
联系电话
日期：
主治医生：
负责护士：

时间	10	11	12	13	14	15	16	17	18	19	20	21	22	23	24	1	2	3	4	5	6	7	8	9
精神状态																								
体温																								
心率																								
呼吸																								
MM/CRT																								
尿量																								
粪便状况																								
体重																								
喂养要求																								
食欲																								
饮水																								
执行人																								
用药细节：	10	11	12	13	14	15	16	17	18	19	20	21	22	23	24	1	2	3	4	5	6	7	8	9

图 6-13　住院病历表

(一)填写住院卡

住院卡注明以下内容：

(1)宠物主人的基本情况，包括姓名、地址、通信方式等。

(2)宠物的基本情况，包括昵称、品种、特征、性别、年龄、体重和饮食习惯等。

(3)宠物病情的基本情况，如体征、病程、症状、(曾)用药情况、(曾)治疗情况等。

(4)必须注明住院动物的科室，传染病科患病动物要防止病源外传，外科手术动物要说明是生理性手术动物还是病理性手术动物。

(5)病情监控等级。

(6)注意事项。

(二)预缴住院费

(三)明确主管医生及护理人员

三、身体检查

包括体重、体温(图 6-14)、脉搏数(图 6-15)、五官、皮肤、肺(呼吸)、心律、腹部、生殖器、肛门腺和精神状态等。

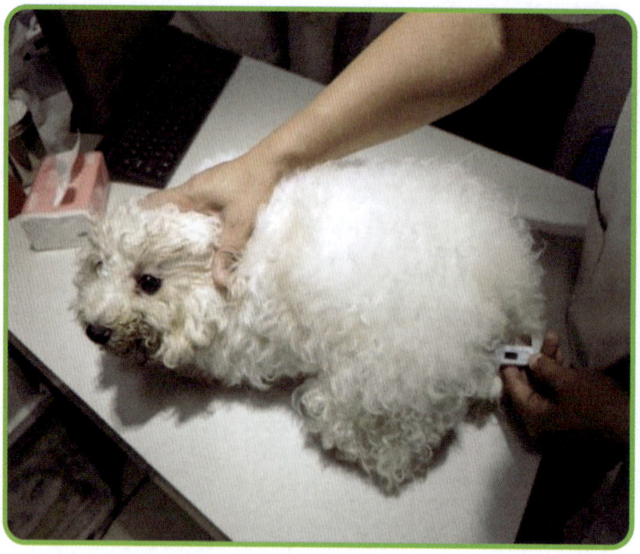

图 6-14　量体温

图 6-15　测脉搏数

四、掌握肌内注射或皮下注射给药技术

监测静脉给药情况,并保持通路畅通。肌内注射时部位要正确,避开神经与血管(图 6-16)。静脉注射时最好守护在患犬身边,注意观察。

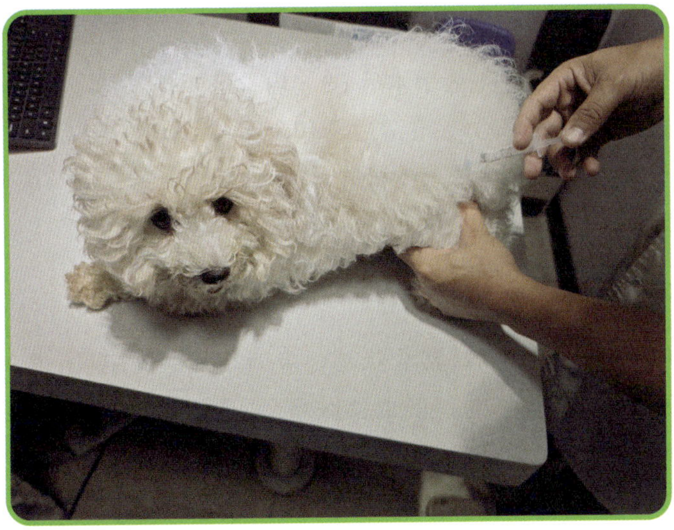

图 6-16 肌内注射

五、术后围手术期护理

术后围手术期指手术结束后 24 h 内。无论是生理性手术还是病理性手术都要加强术后护理，且需注意以下事项。

(一)苏醒

吸入麻醉苏醒快，且麻醉时间和强度更易精确地控制，对动物的生命威胁低。

(二)上眼药膏

宠物麻醉后要滴眼药水或上眼药膏。眼药水滴入眼睛后会很快流失或蒸发，需要重复多次地使用，比较烦琐，因此推荐用眼药膏(图 6-17)。

图 6-17 上眼药膏

(三)术后体位

术后让动物侧躺，颈部保持伸直，这样的体位能使动物身体舒展和呼吸道畅通，避免呼吸困难导致窒息。使用吸入麻醉，可以完全避免术后苏醒期间窒息的危险。

(四)术后排尿

术后排尿说明肾功能正常。一般手术后 12 h 内肯定要排尿,若尿量不足,则说明问题严重。病重的动物或是脱水重的动物,在麻醉后没有输液,也没有监护,导致血压下降、肾灌注量不足,出现急性肾衰,继而会出现无尿或少尿的现象,处理不好就会危及生命。因此术后观察是否有尿液排出是很重要的。

(五)观察呼吸频率及心肺功能

有些动物麻醉后会出现肺水肿,其症状是呼吸频率加快,呼吸困难,嘴部发紫,严重时鼻腔流出血性黏液。此时应立即与医院取得联系,并进行抢救。因此,要注意监控呼吸频率和心肺功能,建议术后住院观察 24 h 再接走,一般术后 24 h 后再出现这种情况的可能性非常低。

(六)体温监测

麻醉后,动物的体温都会出现不同程度的下降,因此在冬天特别需要注意保温,尽量让动物的体温维持在 38 ℃左右。

知·识·拓·展

术后常见问题的处理与护理

一、疼痛

术后疼痛可引起犬的行动异常、哀叫、饮食异常、心率加快,甚至循环衰竭等,因此,常需对其予以适当处理,主要是应用镇痛药缓解疼痛。镇痛药大致分为两类:

(1)非甾体类抗炎药,如阿司匹林、对乙酰氨基酚(扑热息痛)等。

(2)阿片类止痛药,如吗啡、哌替啶等。

如果手术规模相对较小,可仅给予一个剂量的止痛药。对于一些损伤性较大的手术,如剖宫术、开胸术、开颅术等,术后 24～48 h 应连续给予阿片类止痛药。

二、呕吐

术前禁食可减少术后呕吐。当发生呕吐时,应调整犬的体位,使其头部低于胸部或腹部,并用 50 mL 注射器清除口腔或咽喉部的呕吐物。如已发生呕吐误吸,应立即吸氧,并应用皮质激素,如甲泼尼龙,静脉注射,同时给予广谱抗生素。对气管插管的犬,当有自主吞咽或咳嗽时,可以考虑拔管。

三、呼吸抑制

术后呼吸抑制常常与麻醉有关，选择适当的麻醉方法和药物剂量，可减轻术后的呼吸抑制。术后应仔细观察犬的呼吸频率和幅度，如果呼吸抑制明显，可使用呼吸兴奋剂并予以吸氧。术后持续吸氧对多数动物是有益的。

四、饮水不足

术后应记录摄水量，可根据供应总量与剩余水量粗略估计。多数情况下体重下降代表液体缺乏，通过监测术前和术后的体重变化可较好地指导补液量。如果犬完全清醒，最好通过口服补充液体。如果犬不能或不愿口服，可注射葡萄糖盐水补充液体。如脱水严重，则必须通过静脉补液。

五、伤口感染

注意手术的无菌操作是预防术后伤口感染的主要措施。对已出现伤口感染者，则可采用抗生素治疗。

任务八 宠物应急医疗护理

情境导入

玲玲家里养了只萨摩耶犬，昨天其腿部被小区的门刮了一个大口子，血一直往外流，玲玲着急带着爱犬来到了宠物医院，医生发现玲玲用普通透明胶带直接粘在伤口上，就给玲玲普及了出血和止血相关的知识。

一、发热

发热是指体温在短时间内异常升高，俗称发烧。它是机体防御疾病和适应内外环境异常的一种代偿性反应，但高热持续过久则对机体有以下不良影响：使物质分解代谢增加，合成代谢减少，耗氧量增多；加重心脏负担，体温每升高 1 ℃，心率则增加 15～20 次/min；可使大脑皮质过度兴奋，产生烦躁、惊厥，也可发生高度抑制引起嗜睡、昏迷；高热时消化道分泌减少，消化酶活力降低，胃肠蠕动减慢，故出现食欲不振、腹胀、便秘等。

(一)症状表现

体温上升期:患犬精神沉郁、食欲减退,并出现恶寒战栗、被毛松乱、呼吸和脉搏加快、皮肤和鼻镜干燥。

高热期:患犬皮肤血管扩张、汗腺分泌增强、呼吸和心跳加快。

(二)急救处理与护理

1. 目标

使患犬恢复正常体温。

2. 措施

(1)发热的犬立即停止运动,使其安静休息。

(2)给予清淡易消化的高热量、高蛋白流质或半流质饮食。给犬多饮水,保证摄入充足水分,让其多排尿。

(3)口服或注射解热镇痛药物,可口服阿司匹林、安乃近、扑热息痛及消炎痛,也可选用其他解热镇痛药物。

(4)物理降温,可采用75%乙醇或温水擦拭四肢、胸、背及颈等处,也可以用冰水或凉水浸湿毛巾冷敷,一般于颈旁、腹股沟、腋下等处,每隔5 min左右更换1次。

(5)输液,病情较重或有脱水现象者,给予5%葡萄糖生理盐水静脉滴注。

(6)发热较高,病情较重,白细胞显著升高而原因尚不明确者,应给予青霉素、头孢菌素或其他抗生素治疗。

二、呼吸困难

(一)症状表现

呼吸运动加强,重者鼻翼扇动、张口、双肘张开,甚至出现发绀,并伴有呼吸频率、深度、节律和方式的异常。

(二)急救处理与护理

呼吸困难如不及时救护,很快会出现窒息和呼吸停止,应尽快送医院急救。

(1)保持呼吸道畅通。呼吸困难是由呼吸道梗阻引起,应尽快解除梗阻,支气管哮喘给予氨茶碱、喘息定、气喘喷雾剂治疗;气管阻塞的,及时做气管切开术,取出异物。

(2)呼吸中枢受到抑制导致的呼吸困难,多见于吗啡、巴比妥中毒,应立即注射呼吸中枢兴奋剂,如肌内或静脉注射安钠咖。

(3)心力衰竭的,应做强心、利尿、平喘治疗。

(4)按病因进行治疗。

三、急性腹泻

腹泻是一种症状,而不是一种独立的疾病。腹泻是几乎所有胃肠道问题最外在的反应,而其他疾病或压力也可能会导致腹泻。当宠物犬腹泻时,多留意其精神状态、腹泻频率、排泄物颜色。如出现下列症状应立即送医:昏昏欲睡、精神萎靡、呼吸困难,腹泻物中伴有实际出血、发烧、腹痛,伴有其他出血(牙龈、鼻子、咳血)不吃东西,但还是会呕吐(有时有血),怀疑中毒或吞异物(腹泻物有蓝色成分),出现脱水的情况(轻轻拉动后皮肤无法恢复原状,牙龈干燥),无法排尿或减少排尿等。

(一)日常护理

(1)不喂犬其不能吃的食物,包括葡萄、大蒜、骨头等及脂肪含量高、辛辣的食物。

(2)更换犬粮要遵循循序渐进的方法,让宠物犬的肠胃有适应的过程。如果宠物犬平时吃干粮,不要一次喂过多的湿粮及罐头。喂食任何没吃过的食物都要少量投喂,以确保宠物犬对该食物不过敏。

(3)不过量喂食,防止犬胃肠功能紊乱。

(4)保持宠物犬的食物碗和水盆的清洁。

(5)家里的化学物品一定保存在宠物犬接触不到的地方,以免误食。

(6)定时驱虫及接种疫苗。

(7)幼犬和老年犬冬天要注意保暖。

(二)饮食调理

(1)喂食清淡易消化的食物,犬粮泡软,在温热状态下投喂,按一天内食物总量分3~4次投喂。

(2)补充足够的水分,可给温白开水(放少许盐和糖以补充电解质)。若宠物犬不爱喝,可以给清淡的肉汤。

(3)服用益生菌或益生元重建宠物犬的肠道菌群。

(4)增加饮食中高纤维食物,如南瓜、薯类。

(5)当宠物犬停止腹泻后再逐步恢复原日粮,并考虑投服消食片、多酶片、复合维生素等。

四、出血与止血

血液从损伤的血管外流称为出血。经破裂的皮肤和黏膜流到体外,称为外出血;流入软组织、气管或体腔内,从体外看不到的,称为内出血。

当有外出血时，应根据出血性质、出血部位和实际条件进行暂时或彻底的止血。一些划伤、刺伤等，出血量一般不多，不会造成感染，伤口很快会复原；如伤口很大很深，按照以下程序稳定伤势后，立即将患犬送医院。注意处理伤口前先洗手，最好先戴上一次性塑料手套以保个人安全。

(一)剪毛和消毒

可以采用下面任何一种方法消毒。

(1)用自备消毒药水，稀释，冲洗伤口(大小伤口都适用)。

(2)用清水及肥皂清洗伤口(只限于较小伤口)。

(3)用棉签或消毒棉球蘸2%～3%雷夫奴尔(俗称黄药水)溶液抹净伤口，每次每个棉球向一个方向抹一次就要换新的，直至伤口清洁为止。对擦伤或怀疑会沾上污物的伤口，更要注意小心做好消毒工作。

(二)止血

让患犬躺好并抬高伤肢，用一块消毒敷料盖住伤口，用手压在敷料上，施以适量压力，协助止血。通常不太严重的出血(如误伤)，都可以在20 s左右止血。如果为擦伤的伤口，由于血不是流出只是渗出，不必抬高伤肢止血。

(三)包扎

若敷料上没发现有血渗出，就可以认为伤口已经基本上止了血，这时用胶布将敷料固定即可。

若出血量较大，伤口出血呈喷射状或鲜红血液涌出时，立即用清洁手指压迫出血点上方(近心点)使血流中断，并将出血肢体抬高或举高，以减少出血量。用止血带止血时，应先用柔软布片数层垫在止血带下面，用电线、铁丝、细绳等作止血带使用。

内出血常引起出血性休克，其急救处理的首要原则是止血、补血、补液，恢复循环血容量，不可过早地应用升压药物以免加重血管痉挛。

知·识·拓·展

犬不宜吃的食物

一、巧克力(可致命)

巧克力中的可可碱会使犬输送至脑部的血流量减少，可能会造成心脏病和其他有致命威胁的问题。纯度越高的巧克力所含的可可碱含量越高，对犬的危险性也越大。

二、洋葱和大葱(危险)

生或熟的洋葱、大葱含有二硫化物,它对人体无害,却会造成猫、犬、羊、马、牛的红细胞氧化。可能引发溶血性贫血。

三、生或熟的肝脏(危险)

食用少量的肝脏对犬有益,但过量却可能引起问题。因为肝脏含有大量维生素 A,会引起犬维生素 A 中毒。一周 3 个鸡肝(或对应量的其他动物肝脏)左右的量,就会引发犬骨骼问题。

四、骨头(危险)

碎裂的骨头,如鸡骨,可能会刺入犬的喉咙,或割伤犬的嘴、食道、胃或肠。如要喂骨头,应用压力锅煮烂,骨髓是极佳的钙、磷、铜来源,啃大骨有助于犬清除牙垢。

五、生鸡蛋(危险)

生蛋白含有一种称为卵白素的蛋白质,它会耗尽犬体内的维生素 H,维生素 H 是犬生长及促进毛皮健康不可或缺的营养。此外,生鸡蛋通常带菌,煮熟的蛋更适合喂犬。

六、生肉及家禽肉(危险甚至致命)

犬的免疫系统无法适应人工饲养的家禽及肉类。最常见的沙门菌及芽孢杆菌对犬非常危险。

七、猪肉(不建议喂食)

猪肉内的脂肪球比其他肉类大,可能阻塞犬的微血管。避免喂给犬猪肉制品,尤其是含硝酸钠的培根。

八、牛乳(不建议)

很多犬有乳糖不耐受症,如果犬喝了牛乳后出现放屁、腹泻、脱水或皮肤发炎等,应停止喂牛乳。有乳糖不耐受症的犬应食用不含乳糖成分的牛乳。

九、菇类(不建议)

市售的食用香菇、蘑菇等对犬是无害的,但还是尽量避免让犬食用,以免养成吃蘑菇的习惯,在野外误食有毒菇类。

课后知识巩固

一、选择题

1. 下列哪种溶液可以软化宠物耳垢？（　　）

A. 2%煤酚皂　　B. 2%硼酸

C. 2%高锰酸钾　　D. 2%过氧乙酸

2. 下列哪种方法不可以为诊断犬妊娠提供可靠依据？（　　）

A. 观察犬的行为

B. 观察腹围大小

C. 观察犬的眼睛

D. 观察乳房的大小

E. 观察外阴部有无肿胀

3. 下列哪种说法是错误的？（　　）

A. 患有肾病的犬只，应减少磷及蛋白质的摄取量

B. 患有颈椎病的犬只，进食时低头困难，可将食盆放到一个便于进食的合适高度

C. 犬只进入老年后，应通过宠物专用的补钙药品适量、持续地补钙

D. 老年犬过度肥胖容易增加心脏的负担，应减肥

E. 患心脏病的犬只，应增加盐的摄入

4. 关于妊娠母犬的护理，以下描述不正确的是（　　）。

A. 母犬怀孕后饲喂普通成犬粮即可

B. 喂给妊娠犬充足而洁净的饮水

C. 禁止剧烈运动、恐吓、打骂、洗澡或游泳，防止流产

D. 天气晴朗时，可在上午或中午给犬洗澡

E. 加强犬床（舍）清洁和犬体卫生护理

5. 犬分娩为（　　）阶段。

A. 1 个　　B. 2 个

C. 3 个　　D. 4 个

E. 5 个

二、简答题

1. 简述妊娠犬护理的注意事项。

2. 简述母犬产后护理要点。

3. 简述新生仔犬护理措施。

4. 简述老年犬的营养保健措施。

5. 简述犬发热的急救处理与护理要点。

思政小天地——中国古诗词中的“汪星人”

送道者

唐·贾岛

独向山中见，今朝又别离。
一心无挂住，万里独何之。
到处绝烟火，逢人话古时。
此行无弟子，白犬自相随。

赏析：此诗表达了诗人的离愁别恨和对自由生活的向往。他独自来到山中，本想追求心灵的宁静，却又要面临与朋友、亲人的分别之痛。然而，他没有为此感到挂念，而是选择了独自上路，探寻未知的远方。在旅途中，他远离了尘世的喧嚣，与行人交谈时也只是聊些过去的历史传说，最后只有一只白犬相随，展现了一种独立自由的生活方式，也表达了他对友人的不舍以及自己对自由生活的追求和向往。

贾岛(779—843 年)，字阆仙，河北范阳人。唐代著名诗人，与孟郊齐名，有“郊寒岛瘦”之称。他曾出家为僧，法号无本，后还俗，屡试进士不第。曾任长江主簿，人称贾长江。贾岛注重诗句锤炼，刻意求工，其诗情调凄苦，也偶有一些清新的小诗。

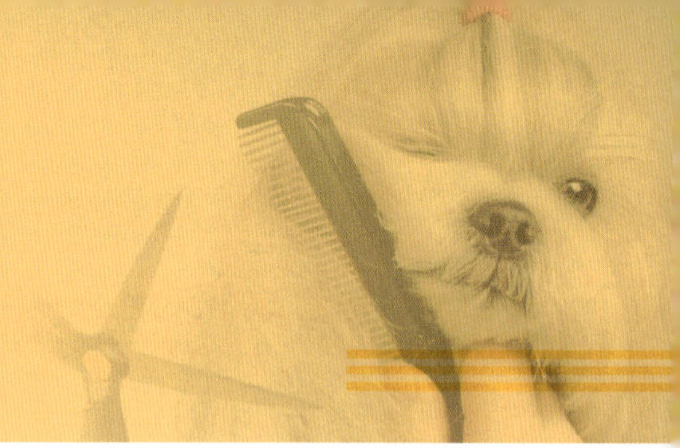

附 录

宠物美容师国家职业标准（2023年版）

1.职业概况

1.1 职业名称

宠物美容师。

1.2 职业编码

4-10-07-03。

1.3 职业定义

从事宠物清洁养护、毛发修剪、造型设计、装饰装扮的人员。

1.4 职业技能等级

本职业共设五个等级，分别为：五级/初级工、四级/中级工、三级/高级工、二级/技师、一级/高级技师。

1.5 职业环境条件

室内，常温。

1.6 职业能力特征

具有一定的判断、语言表达能力，身心健康，色、嗅、触感官灵敏，喜欢动物，热爱宠物行业，具备宠物品种造型设计、修剪毛发染色能力。

1.7 普通受教育程度

初中毕业。

1.8 职业培训要求

1.8.1 培训参考时长

五级/初级工不少于 180 标准学时；四级/中级工不少于 150 标准学时；三级/高级工不少于 120 标准学时；二级/技师不少于 90 标准学时；一级/高级技师不少于 90 标准学时。

1.8.2 培训教师

培训五级/初级工、四级/中级工的教师应具有本职业三级/高级工及以上职业资格（职业技能等级）证书或相关专业中级及以上专业技术职务任职资格；培训三级/高级工的教师应具有本职业二级技师及以上职业资格（职业技能等级）证书或相关专业中级及以上专业技术职务任职资格；培训二级/技师的教师应具有本职业一级高级技师职业资格（职业技能等级）证书或相关专业高级专业技术职务任职资格；培训一级/高级技师的教师应具有本职业一级/高级技师职业资格（职业技能等级）证书 2 年以上或相关专业高级专业技术职务任职资格 2 年以上。

1.8.3 培训场所设备

理论知识培训在标准教室进行；操作技能培训在具有美容台、吹风机等设施、设备，通风条件良好，光线充足和安全措施完善的场所进行。

1.9 职业技能评价要求

1.9.1 申报条件

具备以下条件之一者，可申报五级/初级工：

（1）年满 16 周岁，拟从事本职业或相关职业工作。

（2）年满 16 周岁，从事本职业或相关职业工作。

具备以下条件之一者，可申报四级/中级工：

（1）累计从事本职业或相关职业工作满 5 年。

（2）取得本职业或相关职业五级/初级工职业资格（职业技能等级）证书后，累计从事本职业或相关职业工作满 3 年。

（3）取得本专业或相关专业的技工院校或中等及以上职业院校专科及以上普通高等学校毕业证书（含在读应届毕业生）。

具备以下条件之一者，可申报三级/高级工：

（1）累计从事本职业或相关职业工作满 10 年。

（2）取得本职业或相关职业四级/中级工职业资格（职业技能等级）证书后，累计从事本职业或相关职业工作满 4 年。

(3)取得符合专业对应关系的初级职称(专业技术人员职业资格)后,累计从事本职业或相关职业工作满1年。

(4)取得本专业或相关专业的技工院校高级工班及以上毕业证书(含在读应届毕业生)。

(5)取得本职业或相关职业四级/中级工职业资格(职业技能等级)证书,并取得高等职业学校、专科及以上普通高等学校本专业或相关专业毕业证书(含在读应届毕业生)

(6)取得经评估论证的高等职业学校、专科及以上普通高等学校本专业或相关专业的毕业证书(含在读应届毕业生)。

具备以下条件之一者,可申报二级/技师:

(1)取得本职业或相关职业三级/高级工职业资格(职业技能资格)证书后,累计从事本职业或相关职业工作满5年。

(2)取得符合专业对应关系的初级职称(专业技术人员职业资格)后,累计从事本职业或相关职业工作满5年,并在取得本职或相关职业三级/高级工职业资格(职业技能等级)证书后,从事本职业或相关职业工作满1年。

(3)取得符合专业对应关系的中级职称(专业技术人员职业资格)后,累计从事本职业或相关职业工作满1年。

(4)取得本职业或相关职业三级/高级工职业资格(职业技能资格)证书的高级技工学校、技师学院毕业生,累计从事本职业或相关职业工作满2年。

(5)取得本职业或相关职业三级/高级工职业资格(职业技能等级)证书满2年的技师学院预备技师班、技师班学生。

具备以下条件之一者,可申报一级/高级技师:

(1)取得本职业或相关职业二级/技师职业资格(职业技能等级)证书后,累计从事本职业或相关职业工作满5年。

(2)取得符合专业对应关系的中级职称后,累计从事本职业或相关职业工作满5年,并在取得本职业或相关职业二级/技师职业资格(职业技能等级)证书后,从事本职业或相关职业工作满1年。

(3)取得符合专业对应关系的高级职称(专业技术人员职业资格)后,累计从事本职业或相关职业工作满1年。

1.9.2 评价方式

分为理论知识考试、操作技能考核以及综合评审。理论知识考试以笔试、机考等方式为主,主要考核从业人员从事本职业应掌握的基本要求和相关知识要求;操作技能考核主要采用现场操作、模拟操作等方式进行,主要考核从业人员从事本职业应具备的技能水平;综合评审针对二级/技师和一级/高级技师,通常采取审阅申报材料、答辩等方式进行全面评议和审查。

理论知识考试、操作技能考核和综合评审均实行百分制,成绩皆达60分(含)以上为合格。

1.9.3 监考人员、考评人员与考生配比

理论知识考试监考人员与考生配比不低于1∶15,且每个考场不少于2名监考人员;操作技能考核考评人员与考生配比不低于1∶9且考评人员为3人(含)以上单数;综合评审委员为3人(含)以上单数。

1.9.4 评价时长

理论知识考试时间不少于90 min,操作技能考核时间不少于120 min,综合评审时间不少于30 min。

1.9.5 评价场所设备

理论知识考试在标准教室进行;操作技能考核在具有美容吹风机等设施、设备,通风条件良好,光线充足和安全措施完善的场所进行;综合评审在配备多媒体设备的室内或工作现场进行。

2. 基本要求

2.1 职业道德

2.1.1 职业道德基本知识

2.1.2 职业守则

(1)遵纪守法,文明礼貌,爱岗敬业

(2)和谐友善,尊重宠物自然行为。

(3)弘扬工匠精神,创新技艺,保障宠物福利

(4)优化服务,安全生产。

2.2 基础知识

2.2.1 宠物基础知识

(1)宠物发展史。

(2)宠物分类、品种识别相关知识。

(3)宠物心理与行为相关知识。

(4)宠物常见病及其防治相关知识。

2.2.2 宠物美容专业知识

(1)宠物日常护理相关知识。

(2)宠物美容作业要求。

(3)宠物造型修剪相关知识。

2.2.3 经营管理知识

(1)宠物日常饲养与管理方法。

(2)宠物商品学相关知识。

(3)营销学相关知识。

2.2.4 相关法律、法规知识

(1)《中华人民共和国民法典》相关知识。

(2)《中华人民共和国劳动法》相关知识。

(3)《中华人民共和国安全生产法》相关知识。

(4)《中华人民共和国进出境动植物检疫法》相关知识。

(5)《中华人民共和国动物防疫法》相关知识。

(6)《中华人民共和国野生动物保护法》相关知识。

(7)《中华人民共和国消费者权益保护法》相关知识。

(8)《公共场所卫生管理条例》相关知识。

3. 工作要求

本标准对五级/初级工、四级/中级工、三级/高级工、二级/技师、一级/高级技师的技能要求和相关知识要求依次递进,高级别涵盖低级别的要求。

3.1 五级/初级工

职业功能	工作内容	技能要求	相关知识要求
1. 工作准备	1.1 行为管理	1.1.1 能对宠物品种进行识别 1.1.2 能记录和汇报宠物外观状态 1.1.3 能识别宠物行为信息并保定宠物	1.1.1 宠物品种识别方法 1.1.2 宠物外观状态记录和汇报方法 1.1.3 宠物保定方法
	1.2 设施环境管理	1.2.1 能准备并核对工具 1.2.2 能对操作间的工具、环境等进行清洁	1.2.1 准备、核对工具数量及内容的方法 1.2.2 操作间清洁方法
2. 洗护	2.1 清洁	2.1.1 能对宠物的五官部位进行清洁 2.1.2 能对宠物进行整体清洗	2.1.1 宠物五官部位清洁 2.1.2 宠物清洗技巧
	2.2 干燥	2.2.1 能去除宠物体表水分 2.2.2 能吹干宠物毛发	2.2.1 宠物体表水分去除方法 2.2.2 宠物毛发吹干技巧
3. 修剪	3.1 工具选用	3.1.1 能选取手动修剪工具 3.1.2 能选取电动修剪工具	3.1.1 手动工具选取技巧 3.1.2 电动工具选取技巧
	3.2 基础修剪	3.2.1 能识别宠物体表多余角质 3.2.2 能剃除宠物脚底毛	3.2.1 宠物体表角质识别方法 3.2.2 宠物脚底毛剃除技巧

3.2 四级/中级工

职业功能	工作内容	技能要求	相关知识要求
1.工作准备	1.1 行为管理	1.1.1 能对宠物年龄进行识别 1.1.2 能对宠物外观状态进行判定 1.1.3 能识别宠物行为并安抚宠物	1.1.1 宠物年龄识别方法 1.1.2 宠物外观状态判断技巧 1.1.3 宠物行为评价与安抚技巧
	1.2 设施环境管理	1.2.1 能准备并核对工具 1.2.2 能对操作间的工具、环境等进行清洁	1.2.1 工具使用及维护方法 1.2.2 工具与环境消杀方法
2.洗护	2.1 清洁	2.1.1 能对宠物四肢进行清洁 2.1.2 能对宠物进行整体洗护	2.1.1 宠物四肢清洁办法 2.1.2 宠物洗护技巧
	2.2 干燥	2.2.1 能对宠物体表进行烘干 2.2.2 能拉直宠物毛发	2.2.1 宠物体表烘干方法 2.2.2 宠物毛发拉直技巧
3.修剪	3.1 工具选用	3.1.1 能去除宠物体表多余角质 3.1.2 能根据宠物身体结构修剪毛发	3.1.1 宠物体表角质去除方法 3.1.2 宠物各部位修剪技巧
	3.2 基础修剪	3.2.1 能使用剪刀对宠物全身毛发进行造修剪 3.2.2 能使用电剪对宠物全身毛发进行造型推剪	3.2.1 剪刀使用技巧 3.2.2 电剪使用技巧

3.3 三级/高级工

职业功能	工作内容	技能要求	相关知识要求
1.工作准备	1.1 行为管理	1.1.1 能对宠物健康状况进行判断 1.1.2 能管控宠物行为	1.1.1 宠物健康状况判断原则与方法 1.1.2 宠物行为管控技巧
	1.2 设施环境管理	1.2.1 使用及维护设备 1.2.2 能制定设施环境清洁和消杀方案	1.2.1 设备使用及维护方法 1.2.2 清洁和消杀方案制定方法

续表

<table>
<tr><th>职业功能</th><th>工作内容</th><th>技能要求</th><th>相关知识要求</th></tr>
<tr><td rowspan="2">2. 洗护</td><td>2.1 护理</td><td>2.1.1 能对 3 种以上宠物进行护理
2.1.2 能对宠物特殊部位进行护理</td><td>2.1.1 各种宠物护理方法
2.1.2 宠物特殊部位护理技巧</td></tr>
<tr><td>2.2 养护</td><td>2.2.1 能对宠物进行整体养护
2.2.2 能对宠物进行按摩保养</td><td>2.2.1 宠物养护技巧
2.2.2 宠物按摩技巧</td></tr>
<tr><td rowspan="2">3. 修剪</td><td>3.1 造型设计</td><td>3.1.1 能进行宠物造型设计绘图
3.1.2 能对宠物进行配饰造型搭配设计</td><td>3.1.1 造型设计绘图方法
3.1.2 配饰造型搭配技巧</td></tr>
<tr><td>3.2 造型修剪</td><td>3.2.1 能根据宠物品种及样式要求进行修剪
3.2.2 能对宠物特定部位进行修饰处理
3.2.3 能对宠物毛发进行染色</td><td>3.2.1 修剪样式制定原则与方法
3.2.2 宠物特定部位修饰技巧
3.2.3 宠物毛发染色技巧</td></tr>
</table>

3.4 二级/技师

<table>
<tr><th>职业功能</th><th>工作内容</th><th>技能要求</th><th>相关知识要求</th></tr>
<tr><td rowspan="2">1. 方案管理</td><td>1.1 洗护方案制定</td><td>1.1.1 制定宠物清洁方案
1.1.2 能制定宠物养护方案</td><td>1.1.1 宠物清洁方案制定
1.1.2 宠物养护方案制定方法</td></tr>
<tr><td>1.2 造型方案制定</td><td>1.2.1 能制定宠物造型设计方案
1.2.2 能制定宠物造型修剪方案</td><td>1.2.1 造型设计方案制定
1.2.2 造型修剪方案制定方法</td></tr>
<tr><td rowspan="2">2. 技术管理</td><td>2.1 安全管理</td><td>2.1.1 能制定作业安全管理规定
2.1.2 能制定环境安全管理规定</td><td>2.1.1 作业安全管理规定制定方法
2.1.2 环境安全管理规定制定方法</td></tr>
<tr><td>2.2 专业管理</td><td>2.2.1 能制定宠物美容技术流程
2.2.2 能根据教学大纲编写培训讲义</td><td>2.2.1 美容技术流程制定方法
2.2.2 培训讲义编写方法</td></tr>
</table>

续表

职业功能	工作内容	技能要求	相关知识要求
3. 培训指导	3.1 培训	3.1.1 能制订培训计划 3.1.2 能讲授专业基础知识和技能要求	3.1.1 培训计划制订方法 3.1.2 授课技巧
	3.2 指导	3.2.1 能指导三级/高级工及以下级别人员工作 3.2.2 能制定培训指导规范	3.2.1 技术指导方法 3.2.2 培训指导规范制定方法

3.5 一级/高级技师

职业功能	工作内容	技能要求	相关知识要求
1. 方案管理	1.1 洗护方案评估及修订	1.1.1 能评估及修订宠物清洁方案 1.1.2 能评估及修订宠物养护方案	1.1.1 清洁方案评估及修订方法 1.1.2 养护方案评估及修订方法
	1.2 造型方案评估及修订	1.2.1 能评估及修订宠物造型设计方案 1.2.2 能评估及修订宠物造型修剪方案	1.2.1 宠物造型设计方案评估及修订方法 1.2.2 宠物造型修剪方案评估及修订方法
2. 技术管理	2.1 安全管理	2.1.1 能评估及审定作业安全管理规定 2.1.2 能评估及审定环境安全管理规定	2.1.1 作业安全管理规定评估及审定方法 2.1.2 环境安全管理规定评估及审定方法
	2.2 专业管理	2.2.1 能评估及审定宠物美容技术流程 2.2.2 能编写教学大纲	2.2.1 美容技术流程评估及审定方法 2.2.2 教学大纲编写方法
3. 培训指导	3.1 培训	3.1.1 能组织开展培训教学工作 3.1.2 能建立培训考评体系	3.1.1 培训教学组织方法 3.1.2 培训考评体系建立方法
	3.2 指导	3.2.1 能指导二级/技师及以下级别人员工作 3.2.2 能评估培训效果	3.2.1 专业技能指导考评方法 3.2.2 培训效果评估方法

4. 权重表

4.1 理论知识权重表

项目		五级/初级工/%	四级/中级工/%	三级/高级工/%	二级/技师/%	一级/高级技师/%
基本要求	职业道德	5	5	5	5	5
	基础知识	35	25	10	5	5
相关知识要求	工作准备	10	10	10	—	—
	洗护	30	20	30	—	—
	修剪	20	40	45	—	—
	方案管理	—	—	—	40	30
	技术管理	—	—	—	30	20
	培训指导	—	—	—	20	40
合计		100	100	100	100	100

4.2 技能要求权重表

项目		五级/初级工/%	四级/中级工/%	三级/高级工/%	二级/技师/%	一级/高级技师/%
技能要求	工作准备	20	20	10	—	—
	洗护	40	40	30	—	—
	修剪	40	40	60	—	—
	方案管理	—	—	—	40	30
	技术管理	—	—	—	40	30
	培训指导	—	—	—	20	40
合计		100	100	100	100	100

参考文献

[1]吴孝杰,李和国.宠物美容与护理[M].北京:中国农业大学出版社,2021.

[2]王艳立,马明筠.宠物美容与护理[M].北京:化学工业出版社,2020.

[3]朱孟玲,吴建新.宠物护理与美容[M].北京:中国农业出版社,2022.

[4]薄涛,张涛.宠物美容与护理[M].北京:中国农业大学出版社,2022.

[5]张江.宠物护理与美容[M].北京:中国农业出版社,2008.

[6]杨荣,张海云.犬保健与医治课堂[M].北京:作家出版社,2004.

[7]赵明华,李雪.宠物疾病护理实操指南[M].上海:上海科学技术出版社,2022.

[8]王建国,刘晓燕.犬猫外科手术图解[M].广州:广东科技出版社,2021.

[9]周志强,吴敏.宠物常见皮肤病诊疗手册[M].成都:四川科学技术出版社,2023.

[10]陈丽华,郑宇.宠物营养与疾病预防[M].南京:江苏凤凰科学技术出版社,2020.

[11]黄勇,林巧.犬猫寄生虫病防治大全[M].西安:陕西科学技术出版社,2022.

[12]陈艳新,李志伟.宠物美容与护理[M].北京:中国农业大学出版社,2019.

[13]孟小林.宠物美容学徒岗位手册[M].北京:中国农业大学出版社,2021.

[14]孙亚东,刘欣.宠物护理与美容[M].北京:北京理工大学出版社,2023.

[15]黄名英,罗丹丹.宠物皮肤病与营养代谢病[M].北京:中国农业大学出版社,2020.

[16]赫尼利察.小动物皮肤病彩色图谱与治疗指南:第3版[M].刘欣,夏兆飞,译.北京:中国农业大学出版社,2015.